KOMPAKT-WISSEN PHYSIK

Horst Lautenschlager

Physik 3

Quanten · Atome · Kerne

STARK

ISBN 978-3-89449-658-6

www.stark-verlag.de
1. Auflage 2004

nalt

Fortsetzung siehe nächste Seite

Autor: Horst Lautenschlager

Vorwort

Liebe Schülerinnen und Schüler,

dieser Band aus der Reihe Kompakt-Wissen bietet Ihnen eine kompakte und gleichzeitig präzise Darstellung des Unterrichtsstoffs zur Quanten-, Atom- und Kernphysik. Er eignet sich damit hervorragend für den täglichen Schulgebrauch und zur gründlichen Vorbereitung auf das Abitur.

- Alle lehrplanrelevanten Themen werden **verständlich erklärt**.
- Der Inhalt ist übersichtlich aufbereitet und systematisch in überschaubare Abschnitte gegliedert, sodass Sie sich **effektiv und zeitsparend** auf den Unterricht und auf Klausuren **vorbereiten** können.
- **Kernaussagen** und wichtige **physikalische Begriffe** sind **blau** hervorgehoben. Mithilfe vieler **Grafiken** und **Diagramme** wird der im Text behandelte Stoff zusätzlich veranschaulicht.
- **Zahlreiche Querverweise** helfen Ihnen dabei, Zusammenhänge zwischen den verschieden Stoffgebieten zu erkennen.
- Das **umfangreiche Stichwortverzeichnis** erleichtert Ihnen die gezielte Suche nach bestimmten Begriffen und Inhalten.

Viel Freude bei der Lektüre wünscht Ihnen

Horst Lautenschlager

Grundlagen der Quantenphysik

1 Fotoeffekt

1887 entdeckte Heinrich Hertz bei Experimenten zur Ausbreitung elektromagnetischer Wellen als Nebenergebnis den Fotoeffekt. Eingehende Untersuchungen dieses Effekts führten zu Ergebnissen, die mit dem klassischen Wellenmodell des Lichts nicht zu erklären waren. Erst Einsteins korpuskulare Theorie des Lichts war – um den Preis eines radikalen Bruchs mit der klassischen Physik – dazu in der Lage.

Die Auslösung von Elektronen aus Metalloberflächen durch Licht hinreichend hoher Frequenz bezeichnet man als (äußeren) **Fotoeffekt** oder **lichtelektrischen Effekt**. Lichtelektrisch ausgelöste Elektronen nennt man **Fotoelektronen**. 1

Empirische Befunde 2

a) Der Fotoeffekt setzt ohne zeitlichen Verzug ein.
b) Die kinetische Energie E_{kin} der Fotoelektronen hängt nicht von der Intensität, sondern von der Frequenz f des einfallenden Lichts ab. Je höher f, desto größer E_{kin}.
c) Es gibt eine Grenzfrequenz f_g. Licht mit kleinerer Frequenz löst keine Fotoelektronen aus.
d) Die Anzahl der pro Zeiteinheit erzeugten Fotoelektronen ist proportional zur Intensität des einfallenden Lichts.

Das Wellenmodell versagt bei der Erklärung 3

a) von 2 a, weil sich die Energie der Lichtwelle gleichmäßig auf die Atome der Schichtoberfläche verteilt. Es dauert daher eine bestimmte Zeit, bis ein Atom für eines seiner Elektronen die Austrittsenergie „gesammelt" hat.
b) von 2 b, weil die von einer Lichtwelle transportierte und abgegebene Energie nicht von der Frequenz, sondern vom Quadrat der Wellenamplitude (das proportional zur Intensität ist) abhängt.

c) von 2 c, weil auch Licht mit Frequenzen unterhalb der Grenzfrequenz Energie zur Fotoschicht transportiert und nach Verstreichen einer bestimmten Zeit zur Ablösung von Fotoelektronen führen müsste.

4 Zur **Erklärung des Fotoeffekts mit dem Photonenmodell** nimmt man an, dass **ein** Photon der Energie $h \cdot f$ mit **einem** Elektron in der Metalloberfläche zusammenstößt und dabei spontan seine **gesamte** Energie überträgt.
Einen Teil dieser Energie, die Austrittsarbeit W_A, benötigt das Elektron zum Verlassen des Metalls.
Den Restbetrag $h \cdot f - W_A$ behält es als kinetische Energie.
Die mathematische Form dieser **Energiebilanz**,

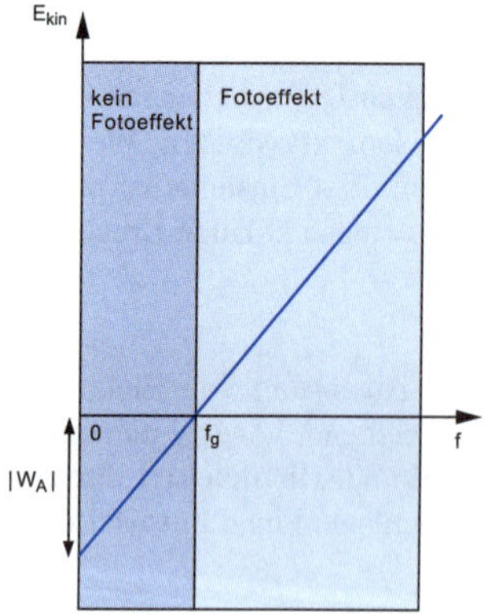

$$E_{kin} = h \cdot f - W_A,$$

nennt man **Einstein-Gleichung**. Trägt man in einem kartesischen Koordinatensystem die kinetische Energie der Fotoelektronen gegen die Frequenz des auslösenden Lichts an, so erhält man nach der Einstein-Gleichung eine Gerade mit der Steigung h, welche die f-Achse bei der Grenzfrequenz f_g und die E_{kin}-Achse bei $-W_A$ schneidet.

5 Zusammenhang zwischen Grenzfrequenz f_g und Austrittsarbeit W_A

Die kinetische Energie von Fotoelektronen, die von Licht der Grenzfrequenz f_g ausgelöst werden, ist null. Aus der Einstein-Gleichung folgt:

$$h \cdot f_g - W_A = 0 \quad \Rightarrow \quad f_g = \frac{W_A}{h}$$

Unter dem **Hallwachseffekt** versteht man die positive Aufladung einer isoliert aufgestellten, anfangs ungeladenen Metallplatte bei Bestrahlung mit ultraviolettem Licht. Die positive Ladung auf der Platte und damit deren Spannung gegen die Erde erreicht einen Maximalwert, wenn die energiereichsten Photonen wegen der starken positiven Aufladung keine Fotoelektronen mehr auslösen können. 6

Die Zahl der Fotoelektronen, die im Mittel durch ein einfallendes Photon ausgelöst werden, nennt man **Quantenausbeute**. Diese hängt vom bestrahlten Material und von der Frequenz des einfallenden Lichts ab. Bei Metallen beträgt sie an der Grenzfrequenz ca. 10^{-4} und kann mit steigender Frequenz maximal 0,15 erreichen. 7

Lenards Identifizierungsversuch 8

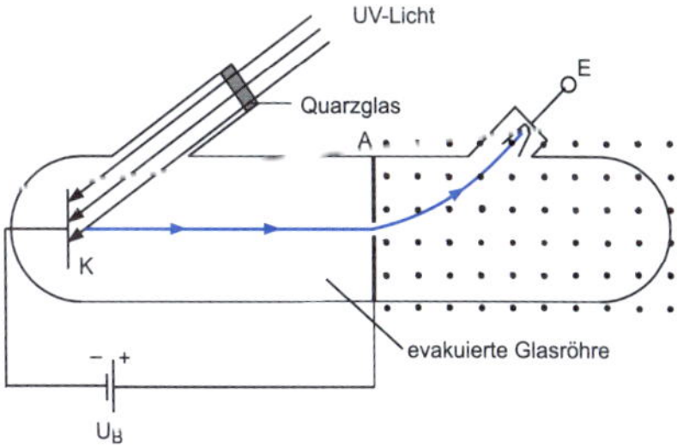

Die bei K fotoelektrisch ausgelösten Teilchen werden im elektrischen Längsfeld zwischen K und A beschleunigt, treten teilweise durch die Anodenöffnung senkrecht zu den Feldlinien in ein homogenes Magnetfeld der Flussdichte $\vec{B}$ ein und bewegen sich dort bei passend gewähltem $\vec{B}$ auf einem Kreisbogen zur Auffängerelektrode E. Eliminiert man aus der Gleichung für den Energiesatz im elektrischen Längsfeld,

$$\frac{1}{2} \cdot m \cdot v^2 = q \cdot U_B,$$

und der Kräftebilanz im Magnetfeld hinter A,

$$\frac{m \cdot v^2}{r} = B \cdot q \cdot v,$$

den Betrag v der Teilchengeschwindigkeit, so erhält man für die spezifische Teilchenladung

$$\frac{q}{m} = \frac{2 \cdot U_B}{B^2 \cdot r^2}.$$

Diese stimmt mit der spezifischen Elektronenladung überein.

9 Zu Messzwecken werden **Fotozellen** benutzt. Das sind evakuierte Glaskolben, in denen einer lichtelektrisch empfindlichen Schicht K eine lichtdurchlässige, z. B. ringförmige Anode A gegenübersteht.

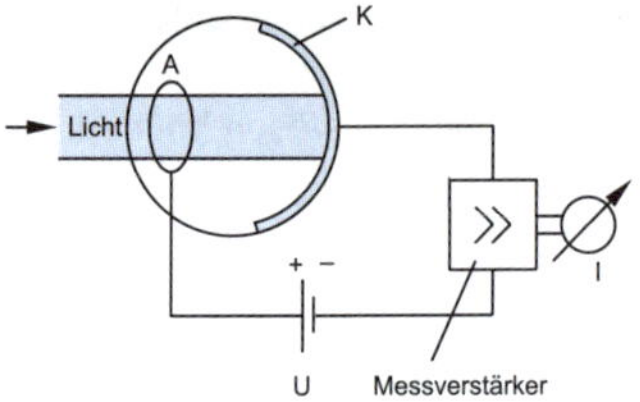

Ist A positiv und K negativ gepolt, saugt eine Gleichspannung U die Fotoelektronen zum Anodenring. Mit zunehmender Saugspannung U steigt der Fotostrom an, weil pro Zeiteinheit immer mehr Fotoelektronen von K nach A gelangen. Wenn bei größeren Saugspannungen alle in einer Zeitspanne ausgelösten Fotoelektronen in dieser Zeitspanne auch zur Anode gelangen, ist eine weitere Steigerung des Fotostroms nicht mehr zu beobachten, **Sättigung** tritt auf.
Die Fotoelektronen verlassen die Fotokathode auch ohne Saugspannung bereits mit einer bestimmten Geschwindigkeit und gelangen teilweise zur Anode A. Dieser schwache, **Eigenstrom** genannte Fotostrom lässt sich durch eine geringe Gegenspannung auf null absenken.

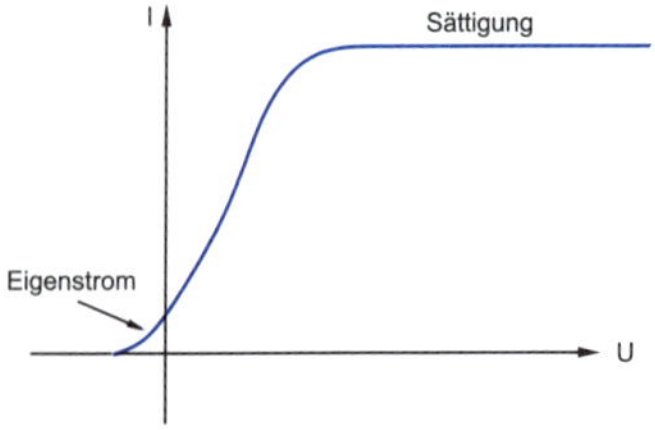

Die **Messung der kinetischen Energie** der schnellsten, von mono- 10
chromatischem Licht ausgelösten **Fotoelektronen** erfolgt mit einer Gegenfeldmethode.

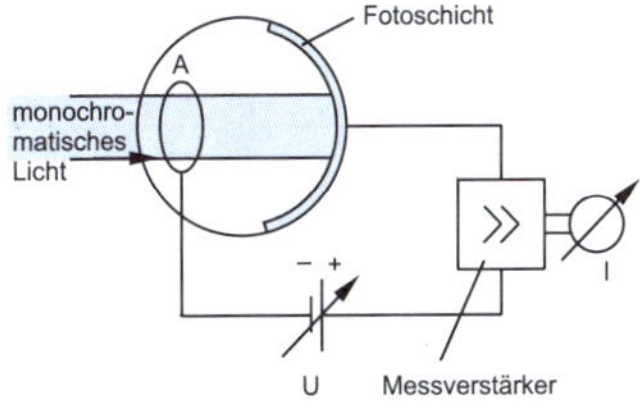

Der Anodenring einer Fotozelle wird negativ, ihre Kathode positiv gepolt. Die Fotoelektronen müssen daher ein elektrisches Gegenfeld durchlaufen, um von der Fotokathode zur Anode zu gelangen.
Stellt man die Gegenspannung U_G so ein, dass der Fotostrom gerade zum Erliegen kommt, gilt für die kinetische Energie der schnellsten Fotoelektronen:

$$E_{kin,\,max} = e \cdot U_G$$

Die Fotoelektronen haben u. a. deswegen keine einheitlichen Geschwindigkeiten, weil sie aus verschieden tiefen Schichten ausgelöst werden.

2 Comptoneffekt

Der 1923 von Compton bei der Untersuchung der Streuung von Röntgenstrahlung an Graphit entdeckte Effekt ist nach dem Fotoeffekt das zweite Phänomen, das für die Photonentheorie und gegen die Wellennatur des Lichts spricht.

Dass bei der Streuung von monochromatischer Röntgenstrahlung der 1
Wellenlänge λ an einem geeigneten Körper in der Streustrahlung neben der Primärstrahlung der Wellenlänge λ auch längerwellige Sekundärstrahlung der Wellenlänge $\lambda' = \lambda + \Delta\lambda$ auftritt, bezeichnet man als **Comptoneffekt**.

$\Delta\lambda$ lässt sich durch den Streuwinkel ϑ, die Ruhemasse m_0 des Elektrons, das Planck'sche Wirkungsquantum h und die Vakuumlichtgeschwindigkeit c in der **Comptonformel** ausdrücken (→ 2|5):

$$\Delta\lambda = \frac{h}{m_0 \cdot c} \cdot (1 - \cos\vartheta)$$

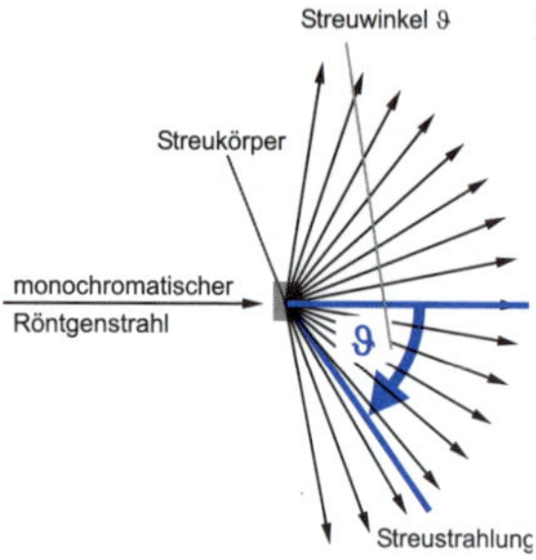

2 Das Wellenmodell versagt bei der Erklärung des Comptoneffekts. Im Wellenmodell veranlasst der periodisch mit der Frequenz f schwingende $\vec{E}$-Vektor der einfallenden Röntgenwelle einige Elektronen im Streukörper zu erzwungenen Schwingungen mit der gleichen Frequenz. Diese strahlen als kleine Hertz'sche Dipole nach den Gesetzen der Dipolstrahlung in alle Richtungen nur monochromatische Röntgenwellen der Frequenz f ab. Die in der Streustrahlung auftretenden Wellen mit kleinerer Frequenz bzw. größerer Wellenlänge können somit nicht erklärt werden.

3 Das Photonenmodell erklärt die

a) **längerwellige Sekundärstrahlung:** Ein Röntgenphoton stößt ein **ungebundenes, anfangs ruhendes** Elektron des Streukörpers **vollkommen elastisch** und überträgt dabei nur **einen Teil** ΔE seiner Energie E_{Ph} auf das Elektron. Nach dem Stoß verlassen ein Photon mit der kleineren Energie $E'_{Ph} = E_{Ph} - \Delta E$, also mit einer größeren Wellenlänge, und das gestoßene Elektron mit der kinetischen Energie $E_{kin} = \Delta E$ den Streukörper.

b) **Primärstrahlung:** Besonders bei schweren Streukörperatomen sind die inneren Elektronen fest gebunden und können nicht mehr als frei angesehen werden. Bei Stößen mit solchen Elektronen tauscht das Photon Energie und Impuls mit dem Atom als Ganzem aus. Wegen der großen Masse des Atoms ändern sich dabei die Energie und damit auch die Wellenlänge des Photons nicht.

Erhaltungssätze beim Comptoneffekt 4

Für den elastischen Stoß eines Röntgenphotons mit einem freien, ruhenden Elektron gelten der Energie- und der Impulserhaltungssatz. Wegen der hohen Energien der beteiligten Partner sind aber relativistische Ansätze erforderlich.

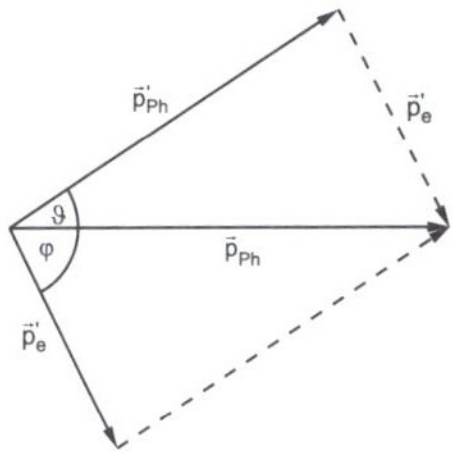

Energieerhaltungssatz:

$$E_{Ph} + E_0 = E'_{Ph} + E'_e$$

Impulserhaltungssatz in Vektorform:

$$\vec{p}_{Ph} = \vec{p}\,'_{Ph} + \vec{p}\,'_e$$

Impulserhaltungssatz in Betragsform:

$$p_e'^2 = p_{Ph}^2 + p_{Ph}'^2 - 2 \cdot p_{Ph} \cdot p'_{Ph} \cdot \cos\vartheta$$

Dabei bezeichnen

- E_{Ph} bzw. E'_{Ph} die Energie des Photons vor bzw. nach dem Stoß,
- E_0 bzw. E'_e die Ruheenergie bzw. relativistische Energie des Elektrons vor bzw. nach dem Stoß,
- p_{Ph} bzw. p'_{Ph} die Impulsbeträge des Photons vor bzw. nach dem Stoß,
- p'_e den relativistischen Impulsbetrag des Elektrons nach dem Stoß.

Herleitung der Comptonformel 5

a) In der Impulsgleichung drückt man alle Impulse mittels

$$E_{Ph} = p_{Ph} \cdot c \text{ bzw. } E'_{Ph} = p'_{Ph} \cdot c \text{ bzw. } p_e'^2 \cdot c^2 = E_e'^2 - E_0^2$$

durch Energien aus. Dies führt auf die Gleichung

$$(1)\quad E_e'^2 - E_0^2 = E_{Ph}^2 + E_{Ph}'^2 - 2 \cdot E_{Ph} \cdot E'_{Ph} \cdot \cos\vartheta.$$

b) Die Energiegleichung formt man so um, dass auf einer Seite $E_e'^2 - E_0^2$ zu stehen kommt. Dies führt auf die Gleichung

$$(2)\quad E_e'^2 - E_0^2 =$$
$$= E_{Ph}^2 + E_{Ph}'^2 - 2 \cdot E_{Ph} \cdot E'_{Ph} + 2 \cdot E_{Ph} \cdot E_0 - 2 \cdot E'_{Ph} \cdot E_0.$$

c) Gleichsetzen von (1) und (2) und Division durch $2 \cdot E_{Ph} \cdot E'_{Ph} \cdot E_0$ ergibt nach kurzer Rechnung die Comptonformel

$$\Delta\lambda = \frac{h}{m_0 \cdot c} \cdot (1 - \cos\vartheta).$$

6 Die in der Comptonformel auftretende Größe

$$\lambda_C := \frac{h}{m_0 \cdot c}$$

hat die Dimension einer Länge, heißt **Comptonwellenlänge** und besitzt den numerischen Wert $\lambda_C = 2{,}426 \cdot 10^{-12}\,\text{m}$.

7 Die Wellenlängenzunahme $\lambda' - \lambda$ hängt nach der Comptonformel (→ 2|1) nicht von der Wellenlänge der einfallenden Strahlung, sondern nur vom Streuwinkel ϑ ab. Die für ein bestimmtes ϑ beobachtbare **relative Wellenlängenzunahme** $\frac{\lambda' - \lambda}{\lambda}$ ist daher umso größer, je kleiner die Wellenlänge der einfallenden Strahlung ist.
Der **Comptoneffekt** ist daher nur im **Röntgen-** und **Gammabereich beobachtbar**.

8 **Kinetische Energie der Comptonelektronen**

Die beim Comptoneffekt von den Photonen gestoßenen Elektronen heißen Rückstoß- oder **Comptonelektronen**. Ihre kinetische Energie E_{kin} hängt von der Energie E_{Ph} des stoßenden Photons und vom Streuwinkel ϑ ab:

$$E_{kin} = E_{Ph} \cdot \frac{2 \cdot \lambda_C \cdot \sin^2 \frac{\vartheta}{2}}{\lambda + 2 \cdot \lambda_C \cdot \sin^2 \frac{\vartheta}{2}}.$$

Sie kann alle Werte zwischen null (bei $\vartheta = 0°$) und der Maximalenergie

$$E_{max} = \frac{2 \cdot \lambda_C}{\lambda + 2 \cdot \lambda_C} \quad (\text{bei } \vartheta = 180°)$$

annehmen.

Elektronenenergiespektrum 9

Setzt monochromatische Gammastrahlung der Energie E_γ in einem geeigneten Streukörper Foto- und Comptonelektronen frei, so weist das Energiespektrum dieser Elektronen ein scharfes, durch Fotoelektronen bedingtes Maximum, den so genannten **Fotopeak** auf. Im Energieabstand ΔE darunter beginnt ein breites, von den Comptonelektronen herrührendes Kontinuum, das so genannte **Comptongebirge**.

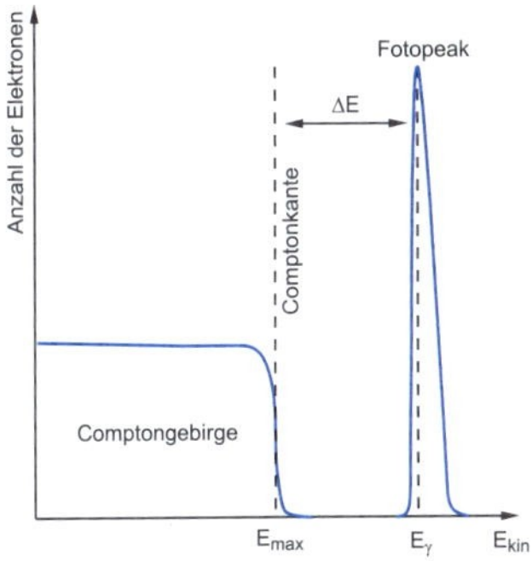

Ablenkwinkel der Comptonelektronen 10

Der Winkel φ, unter dem ein Comptonelektron den Streukörper gegen die Einfallsrichtung der Photonen verlässt, hängt von der Wellenlänge λ des stoßenden Photons und vom Streuwinkel ϑ ab:

$$\tan\varphi = \frac{\lambda}{\lambda + \lambda_C} \cdot \cot\frac{\vartheta}{2}.$$

90° ist der größte Streuwinkel für Comptonelektronen. Sie werden nur nach vorne weggestoßen.

Winkel- und **Energieverteilungen** stellt man anschaulich in einem **Polardiagramm** dar. In nebenstehender Skizze ist die Länge des Horizontalstrichs ein Maß für die Energie des einfallenden Photons.

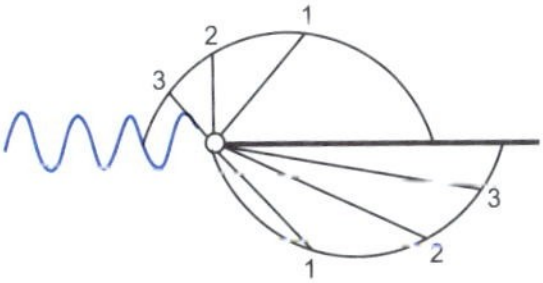

Seine Lage stimmt mit der Einfallsrichtung des Photons überein. Die Striche in der oberen (unteren) Halbebene veranschaulichen analog Energie und Richtung der gestreuten Photonen (der Comptonelektronen).

11 Aufnahme des Streustrahlungsspektrums

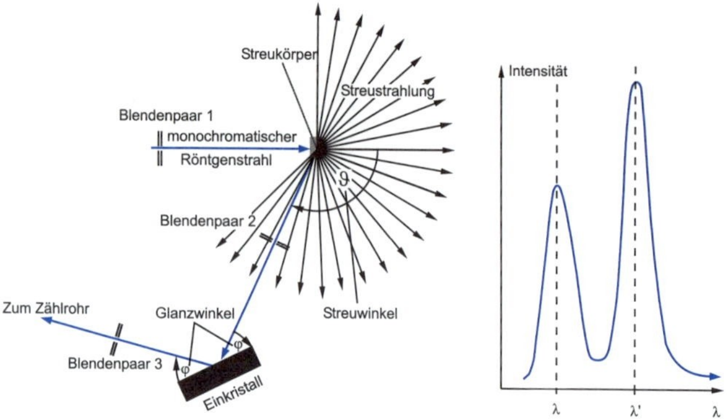

Das Blendenpaar 1 gewährleistet, dass ein monoenergetischer Röntgenstrahl in wohl definierter Richtung auf den Streukörper trifft. Aus der Streustrahlung wird durch das Blendenpaar 2 ein Strahl unter dem Winkel ϑ gegen die Einfallsrichtung ausgeblendet, der anschließend auf einen Einkristall trifft.

Kristall und Zählrohr stellen ein **Röntgenspektrometer** dar, mit dem man nach dem Bragg'schen Drehkristallverfahren (→ 12|5) das in der Abbildung dargestellte Spektrum der Streustrahlung erhält. Es weist zwei relative Extrema auf: Die kurzwelligere Primärstrahlung (λ) und die längerwellige, durch den Comptoneffekt bedingte Sekundärstrahlung (λ').

12 Barklaeffekt

Monochromatische γ-Strahlung der Wellenlänge $\lambda = 1{,}0$ pm trifft entsprechend der Skizze auf einen Blei-Streukörper.

Die Intensität der unter 90° gestreuten Strahlung ändert sich nicht, wenn eine Plexiglasscheibe an der Stelle P_1 in den primären Strahlengang gebracht wird, sie nimmt aber deutlich ab, wenn die Scheibe an der Stelle P_2 im sekundären Strahlengang steht.

Die Beobachtung wird verständlich, wenn man weiß, dass Plexiglas γ-Strahlung der Wellenlänge $\lambda = 1{,}0$ pm nicht merklich absorbiert.

Viele Photonen der Streustrahlung besitzen aber wegen der 90°-Streuung eine um λ_C größere Wellenlänge

$$\lambda' = 1{,}0\ \text{pm} + 2{,}42\ \text{pm}$$
$$= 3{,}42\ \text{pm},$$

die von Plexiglas zu 50 % absorbiert wird.

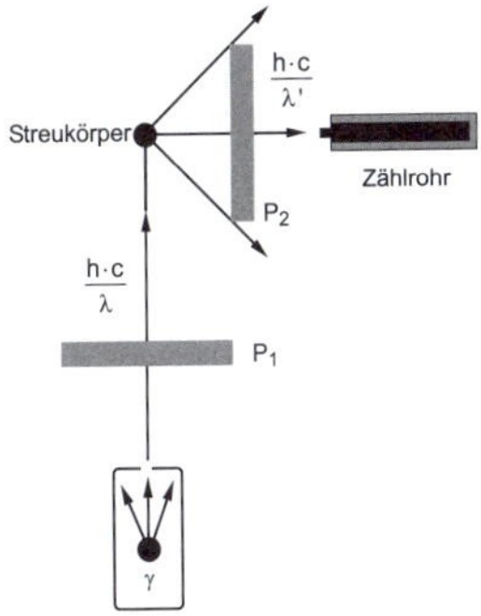

Vergleich zwischen Foto- und Comptoneffekt 13

Fotoeffekt	Comptoneffekt
Wechselwirkung eines Photons mit einem an ein Atom gebundenen Elektron.	Wechselwirkung eines Photons mit einem freien Elektron.
Das Photon überträgt seine Energie vollständig auf das Elektron.	Das Photon gibt nur einen Teil seiner Energie an das Elektron ab.
Nach der Wechselwirkung gibt es kein Photon mehr.	Nach der Wechselwirkung gibt es ein Photon geringerer Energie.
Die Fotoelektronen besitzen alle die gleiche Geschwindigkeit, ihr Geschwindigkeitsspektrum ist diskret.	Comptonelektronen besitzen ein kontinuierliches Geschwindigkeitsspektrum.

3 Das Teilchenmodell der elektromagnetischen Strahlung

Elektromagnetische Strahlung besitzt eine Doppelnatur. Bei der Ausbreitung verhält sie sich wie eine Welle, bei der Wechselwirkung mit Materie wie Teilchen. Der Teilchencharakter tritt dabei umso deutlicher zutage, je größer die Energie der Teilchen ist.

1 Im **Teilchenmodell** stellt man sich die **elektromagnetische Strahlung** als Fluss von Teilchen, den **Photonen**, vor, die sich im Vakuum mit der Vakuumlichtgeschwindigkeit c bewegen. Jedes Photon einer elektromagnetischen Welle mit der Frequenz f und der Wellenlänge λ trägt dabei die Energie

$$E_{Ph} = h \cdot f \quad \text{bzw.} \quad E_{Ph} = \frac{h \cdot c}{\lambda};$$

h bezeichnet die **Planck'sche Konstante**.
Durchsetzt monochromatische, elektromagnetische Strahlung der Frequenz f bzw. der Wellenlänge λ und der Energie E einen Raumbereich ΔV, so befinden sich

$$N = \frac{E}{h \cdot f} \quad \text{bzw.} \quad N = \frac{E \cdot \lambda}{h \cdot c}$$

Photonen in ΔV.

2 Masse und Impuls eines Photons

Ein Photon einer monochromatischen, elektromagnetischen Strahlung der Frequenz f bzw. der Wellenlänge λ besitzt

a) die **Ruhemasse** $m_0 = 0;$

b) die **relativistische Masse** $m = \frac{h \cdot f}{c^2}$ bzw. $m = \frac{h}{c \cdot \lambda};$

c) den **Impuls** $p = \frac{h \cdot f}{c}$ bzw. $p = \frac{h}{\lambda}.$

3 Planck'sches Wirkungsquantum

Die Naturkonstante h vermittelt zwischen den Teilchengrößen Masse m bzw. Impuls p und den Wellengrößen Frequenz f bzw. Wellenlänge λ. Sie wird Planck'sches Wirkungsquantum oder Planck'sche Konstante genannt und besitzt den numerischen Wert

$$h = 6{,}6261 \cdot 10^{-34}\,\text{J} \cdot \text{s} \quad \text{bzw.} \quad h = 4{,}1357 \cdot 10^{-15}\,\text{eV} \cdot \text{s}.$$

In der Schulphysik gibt es drei Möglichkeiten, den Wert von h experimentell zu bestimmen:

a) aus der Steigung in der Einstein-Gleichung beim Fotoeffekt (→ 1|4);
b) aus der kurzwelligen Grenze beim Röntgenbremsspektrum (→ 12|7);
c) aus der Strahlung, welche angeregte Atome beim Franck-Hertz-Versuch emittieren (→ 8|10).

Strahlungsdruck – ein experimenteller Beleg für den Photonenimpuls 4

Trifft von einer monochromatischen, elektromagnetischen Strahlung der Wellenlänge λ pro Zeit- und Flächeneinheit die Energie P senkrecht auf eine

ideal reflektierende	**ideal absorbierende**

Fläche, so ändert sich der Impulsbetrag eines Photons um

$2 \cdot \frac{h}{\lambda}.$	$\frac{h}{\lambda}.$

Die Impulsänderung aller Photonen bewirkt insgesamt den **Strahlungsdruck**

$p_{str} = \frac{2 \cdot P}{c},$	$p_{str} = \frac{P}{c},$

c bezeichnet dabei die Vakuumlichtgeschwindigkeit.

Gravitationelle Frequenzverschiebung – ein experimenteller Beleg für die Photonenmasse 5

Bewegen sich Photonen in einem Gravitationsfeld, so ändert sich aufgrund ihrer Masse ihre potenzielle Energie und damit ihre Frequenz.

Im Gravitationsfeld einer homogenen Kugel der Masse M vom Radius R besitzt ein Photon im Abstand $r > R$ vom Kugelmittelpunkt die Frequenz f(r):

$$f(r) = \frac{f_\infty}{\sqrt{1 - \frac{2 \cdot G \cdot M}{c^2} \cdot \frac{1}{r}}}.$$

Dabei bezeichnet f_∞ die Frequenz des Photons in unendlicher Entfernung vom Kugelmittelpunkt, G die Gravitationskonstante, c die Vakuumlichtgeschwindigkeit.

4 Materiewellen

Ist der Aufenthaltsbereich eines Materieteilchens sehr stark eingeengt, so lässt sich sein Verhalten nicht mehr mit den Gesetzen der Newton'schen Mechanik für einen Massenpunkt, sondern nur noch mithilfe eines dem Teilchen zugeordneten Wellenvorgangs beschreiben, den man als **Materiewelle** oder **de-Broglie-Welle** bezeichnet.

1 De Broglies Hypothese

Jedes Materieteilchen der Masse m und der Geschwindigkeit v entspricht einem Wellenvorgang mit der Wellenlänge λ und der Frequenz f.

Überträgt man die vom Photon her bekannten Beziehungen zwischen Wellen- und Teilchengrößen auf ein Materieteilchen der Masse m und der Geschwindigkeit v,

$$E_{\text{Teilchen}} = m \cdot c^2 \overset{!}{=} h \cdot f \quad \text{und} \quad p_{\text{Teilchen}} = m \cdot v \overset{!}{=} \frac{h}{\lambda},$$

so erhält man für die

Frequenz einer Materiewelle: $f = \dfrac{m \cdot c^2}{h}$

Wellenlänge einer Materiewelle: $\lambda = \dfrac{h}{m \cdot v}$

2 Materiewellenlänge von beschleunigten, geladenen Teilchen

Nach Durchlaufen einer Beschleunigungsspannung U besitzt ein ursprünglich in Ruhe befindliches Teilchen der Ruhemasse m_0 und der Ladung q

nichtrelativistischer Ansatz

den Geschwindigkeitsbetrag

$$v = \sqrt{2 \cdot \frac{q}{m_0} \cdot U}$$

relativistischer Ansatz

den Impulsbetrag

$$p = \sqrt{\frac{E^2 - m_0^2\, c^4}{c^2}} = \sqrt{\frac{(q \cdot U)^2 + 2 \cdot q \cdot U \cdot m_0 \cdot c^2}{c^2}}$$

und somit die **Materiewellenlänge**

$$\lambda = \frac{h}{m_0 \cdot v} = \frac{h}{\sqrt{2 \cdot q \cdot m_0 \cdot U}}.$$

$$\lambda = \frac{h}{p} = \frac{h \cdot c}{\sqrt{(q \cdot U)^2 + 2 \cdot q \cdot U \cdot m_0 \cdot c^2}}.$$

Materiewellenlänge von Gasatomen 3

Ein Atom der Ruhemasse m_0 besitzt in einem Gas der Temperatur T die mittlere Geschwindigkeit $\overline{v}$,

$$\overline{v} = 0{,}92 \cdot \sqrt{\overline{v^2}} = 0{,}92 \cdot \sqrt{\frac{2 \cdot \overline{E}_{kin}}{m_0}} = 0{,}92 \cdot \sqrt{\frac{3 \cdot k \cdot T}{m_0}},$$

und somit die mittlere Materiewellenlänge

$$\overline{\lambda} = \frac{h}{m_0 \cdot \overline{v}} = \frac{h}{0{,}92 \cdot \sqrt{3 \cdot k \cdot T \cdot m_0}}.$$

Phasen- und Gruppengeschwindigkeit 4

Die Phasengeschwindigkeit

$$c_{Phase} = f \cdot \lambda = \frac{m \cdot c^2}{h} \cdot \frac{h}{m \cdot v} = \frac{c^2}{v}$$

einer Materiewelle ist größer als die Lichtgeschwindigkeit c, da v stets kleiner als c ist.
Dies widerspricht aber nicht der speziellen Relativitätstheorie, da die Teilchengeschwindigkeit der Gruppengeschwindigkeit entspricht, mit der die Energie in der Welle transportiert wird, und nicht der Phasengeschwindigkeit.

Im **Davisson-Germer-Experiment** durchlaufen Elektronen eine kleine Beschleunigungsspannung U, treffen in einem feinen Strahl auf einen Nickeleinkristall und werden von den Kristallpartikeln der Oberfläche zurückgestreut. 5
Da in der Streustrahlung der Gangunterschied Δs zweier unmittelbar benachbarter, paralleler Strahlen $\Delta s = b \cdot \cos\alpha$ beträgt (siehe Abb.), müsste im Unendlichen konstruktive Interferenz 1. Ordnung für den Winkel α beobachtet werden, für den gilt:

$$\cos\alpha = \frac{\lambda}{b} = \frac{h}{b \cdot \sqrt{2 \cdot e \cdot m_0 \cdot U}}.$$

Davisson und Germer wiesen tatsächlich unter diesem Winkel ein Interferenzmaximum 1. Ordnung nach und **bestätigten** damit **die Existenz von Elektronenwellen**.

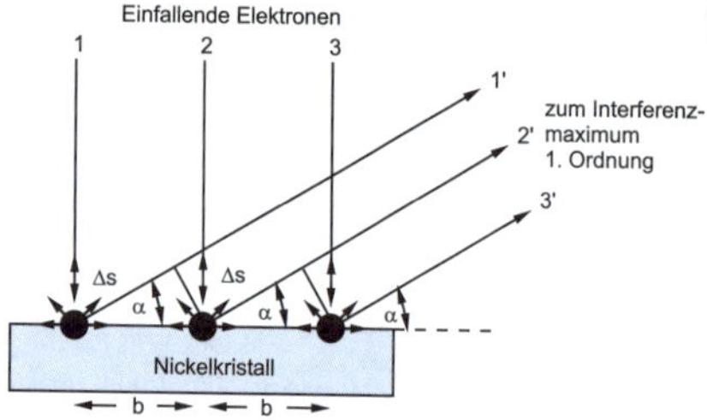

6 Nachweis von Elektronenwellen mit der Debye-Scherrer-Methode

Elektronen durchlaufen zwischen K und A eine Beschleunigungsspannung U und treffen in einem feinen Strahl auf eine Graphitfolie. Dort werden sie von Mikrokristallen, deren Netzebenenabstand mit d bezeichnet wird, braggreflektiert und laufen hinter der Folie auf einem Kegelmantel mit dem Öffnungswinkel 4α. Auf einem zur ursprünglichen Strahlrichtung senkrechten Schirm beobachtet man ein System von **kreisförmigen Interferenzringen**.

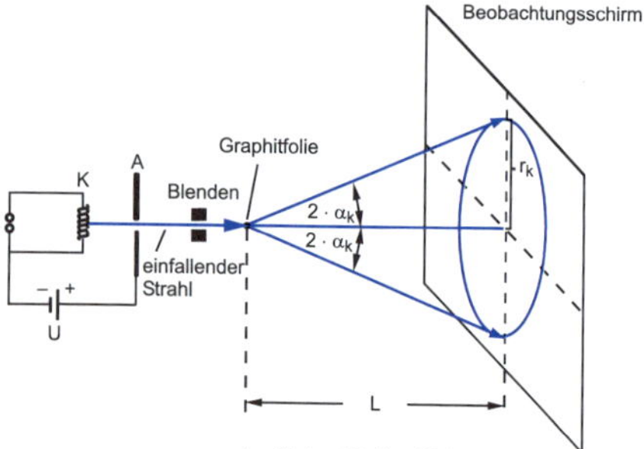

L = Abstand Schirm /Folie
r_k = Radius des Interferenzrings k-ter Ordnung

Unter Verwendung der **Kleinwinkelnäherung** erhält man aus der Geometrie der Versuchsanordnung:

$$(1) \quad 2 \cdot \alpha_k \approx \tan(2 \cdot \alpha_k) = \frac{r_k}{L}.$$

Aus der Bragg-Bedingung (→ 12|3) folgt:

$$(2)\quad 2 \cdot d \cdot \alpha_k \approx 2 \cdot d \cdot \sin\alpha_k = k \cdot \lambda.$$

Man eliminiert α_k aus (1) und (2) und erhält für

$$\lambda = \frac{d \cdot r_k}{k \cdot L}.$$

Die so bestimmte Materiewellenlänge stimmt mit der nach de Broglies Hypothese berechneten,

$$\lambda = \frac{h}{\sqrt{2 \cdot e \cdot m_0 \cdot U}},$$

überein.
Nähert man dem Elektronenstrahl einen Magneten, so verschieben sich die Interferenzringe in Folge der Lorentzkraft – sie wurden also nicht von sekundär auftretender Röntgenstrahlung erzeugt.

Der Versuch von Möllenstedt und Düker 7

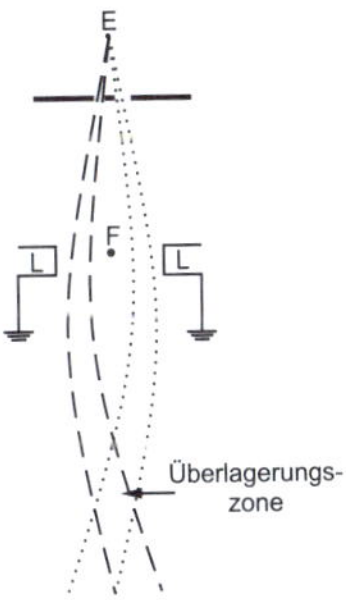

Zwei Bündel eines Strahls monoenergetischer Elektronen werden im elektrischen Feld zwischen dem positiv geladenen Faden F und den geerdeten Leitern L so abgelenkt, dass sie sich hinter dem Draht überlagern. Im Überlagerungsgebiet entsteht ein ausgeprägtes Interferenzmuster.
Da die an der Interferenz **beteiligten Elektronen mit Materie nicht direkt in Wechselwirkung** treten, widerlegt dieses Experiment den Einwand, unbekannte Einflüsse der bestrahlten Materie wären für Materiewelleninterferenzen verantwortlich.

5 Dualismus

Zur vollständigen Beschreibung der Eigenschaften von elektromagnetischer Strahlung oder des Verhaltens von Mikroteilchen sind **Teilchen- und Wellenmodell** erforderlich. Diesen Sachverhalt bezeichnet man als **Dualismus** dieser beiden Modellbilder.

1 Der **Dualismus Welle – Teilchen** wird besonders bei der Interferenz am Doppelspalt deutlich:
Monochromatische Teilchenstrahlung (Photonen oder Elektronen) trifft senkrecht auf einen Doppelspalt. Die Spaltabmessungen und die Wellenlänge der Strahlung sind so aufeinander abgestimmt, dass man hinter dem Doppelspalt auf einem Schirm Interferenzen beobachten kann.

a) Wird durch geeignete Maßnahmen sichergestellt, dass sich nie mehrere Teilchen gleichzeitig in der Anordnung befinden, so beobachtet man je nach Länge der Belichtungszeit auf dem Schirm Interferenzbilder, die aus unterschiedlich vielen Schwärzungspunkten zusammengesetzt sind. Das **Wellenmodell versagt** somit bei der Beschreibung des **Strahlungsnachweises**: Nach dem Wellenmodell verteilt sich die Strahlungsenergie hinter dem Doppelspalt nämlich stetig über den Schirm. Es lässt dort zwar Stellen mit größerer und kleinerer Energiedichte zu, man dürfte aber niemals – auch nicht bei noch so kurzer Belichtung – an vereinzelten Stellen des Schirms einzelne Schwärzungspunkte finden. Dies wird nur verständlich, wenn die Strahlung als Teilchen auf den Schirm trifft.

b) Tritt die gleiche Anzahl von Teilchen durch den Doppelspalt einmal, wenn abwechselnd einer der beiden Spalte bedeckt wird und ein andermal, wenn beide Spalte gleichzeitig geöffnet sind, erhält man völlig verschieden Interferenzbilder: Das **Teilchenmodell versagt** bei der Beschreibung des **Ausbreitungsverhaltens** der Strahlung: Nach dem Teilchenmodell tritt beim Doppelspaltversuch jedes Teilchen durch genau einen Spalt. Für das Verhalten der Strahlung hinter dem Doppelspalt wäre es gleichgültig, ob beide Spalte gleichzeitig oder nacheinander geöffnet sind. Die unterschiedlichen Interferenzbilder werden nur verständlich, wenn wie bei einer Welle durch beide Spalte gleichzeitig „irgendetwas“

hindurch läuft, was sich in dem Bereich hinter dem Doppelspalt wie die Huygens'schen Sekundarwellen ausbreiten und gegenseitig beeinflussen kann.

c) Den Auftreffpunkt eines einzelnen Teilchens kann man nicht vorhersagen. Nur die Wahrscheinlichkeit, mit der ein einzelnes Teilchen an einer bestimmten Stelle des Schirms auftrifft, lässt sich angeben. Die Verteilung der Aufenthaltswahrscheinlichkeit eines Teilchens hinter dem Doppelspalt stimmt nämlich mit der Intensitätsverteilung überein, welche die klassische Wellentheorie für die Strahlung hinter dem Doppelspalt angibt.

Vermittlung zwischen Teilchen- und Wellenmodell 2

Die Unvereinbarkeit des Teilchen- und des Wellenmodells überbrückt man durch **Wahrscheinlichkeitsaussagen**:

a) Bezeichnet $\psi(x_0)$ zu einem bestimmten Zeitpunkt t_0 und an einem bestimmten Ort x_0 die Amplitude des einem Teilchen zugeordneten Wellenvorgangs, so ist $|\psi(x_0)|^2 \cdot \Delta x$ die Wahrscheinlichkeit dafür, das Teilchen zum Zeitpunkt t_0 innerhalb des Ortsintervalls $[x_0; x_0 + \Delta x]$ anzutreffen.

b) Bezeichnet ψ die Amplitude eines aus mehreren Teilchen bestehenden Wellenvorgangs zu einem bestimmten Zeitpunkt in einem Raumpunkt P, so ist das Quadrat des Amplitudenbetrags $|\psi|^2$ direkt proportional zur Teilchendichte, die zu diesem Zeitpunkt in einem infinitesimal kleinen Raumelement um P vorliegt.

c) Mittels der dem Wellenmodell entnommenen Größe „Frequenz f" lässt sich die Energie E des Teilchens als $E = h \cdot f$ ausdrücken.

Modelle sind **Vorstellungshilfen** zur Beschreibung der physikalischen Wirklichkeit. Sie dürfen nicht mit dem, was sie darstellen sollen, verwechselt werden. Die Frage, was Licht oder Elektronen nun sind, Welle oder Teilchen, ist in diesem Sinn unzulässig. Sowohl das Wellen- als auch das Teilchenmodell können jeweils einen Teil der Beziehungen der **Gegenstandswelt anschaulich machen**, versagen aber bei der Erklärung von anderen Beziehungen der Gegenstandswelt. 3

6 Unschärferelation

1927 gab Heisenberg der Erkenntnis, dass sich Mikroteilchen unter bestimmten Bedingungen anders als Makrokörper verhalten, eine mathematische Form.

1 Heisenbergs Unschärferelation

Es ist grundsätzlich **unmöglich**, den **Ort und** den **Impuls** eines Mikroteilchens **gleichzeitig absolut genau** zu bestimmen. Je genauer man seinen Ort zu einen bestimmten Zeitpunkt angeben kann, desto weiter kann der Bereich sein, über den sich zum gleichen Zeitpunkt seine Impulswerte erstrecken und umgekehrt.
Bezeichnet man mit Δx, Δy, Δz die Unsicherheit in der Angabe des Ortes (also die Längen der Intervalle, in denen die Ortskoordinaten des Teilchens liegen) und mit Δp_x, Δp_y, Δp_z die Unsicherheit in der Angabe des Impulses (also die Längen der Intervalle, in denen die Impulswerte des Teilchens liegen), so gilt:

$$\Delta x \cdot \Delta p_x \geq \frac{h}{2 \cdot \pi}$$

$$\Delta y \cdot \Delta p_y \geq \frac{h}{2 \cdot \pi}$$

$$\Delta z \cdot \Delta p_z \geq \frac{h}{2 \cdot \pi}$$

2 Δx und Δp_x **haben nichts mit Messfehlern zu tun**, die bei der Bestimmung des Teilchenorts bzw. -impulses auftreten! Gäbe es eine ideale Apparatur, die nach der klassischen Physik vollkommen exakte Messungen erlaubte, so ließen sich trotzdem die Orts- und die Impulskoordinaten eines Teilchens zum selben Zeitpunkt nicht mit größerer Genauigkeit ermitteln, als es die Heisenberg'sche Unschärferelation zulässt. Die Unschärferelation beruht nicht auf unzureichenden Messmethoden, sondern ist eine Eigenschaft der Mikroteilchen.

Die Heisenberg'schen **Unschärfen** sind die **Standardabweichungen** 3
der Zufallsgrößen „Ort“ und „Impuls“ des Teilchens

$$\Delta x = \sqrt{\varepsilon[(x - \varepsilon(x))^2]} = \sigma(x) \quad \text{bzw.}$$

$$\Delta p_x = \sqrt{\varepsilon[(p_x - \varepsilon(p_x))^2]} = \sigma(p_x).$$

$\varepsilon(\ldots)$ bezeichnet dabei den Erwartungswert der Zufallsgröße …

Für alle Größenpaare, deren Produkt die Dimension einer **Wirkung** 4
($J \cdot s$) hat, gibt es eine zur Heisenberg'schen Unschärferelation analoge Unschärferelation. So gilt auch für das Größenpaar Energie E und Zeit t:

$$\Delta E \cdot \Delta t \geq \frac{h}{2 \cdot \pi}.$$

Kann sich ein Teilchen der Masse m nur längs der x-Achse eines 5
Koordinatensystems innerhalb des Intervalls $]-\frac{a}{2}; +\frac{a}{2}[$ bewegen, so weist es auch im energetisch tiefsten Zustand eine von null verschiedene (kinetische) Energie, die **Nullpunktsenergie**, auf.
Wäre nämlich zu einem beliebigen Zeitpunkt $v_x = 0$, so wäre in diesem Moment p_x und damit auch $\Delta p_x = 0$. Nach der Unschärferelation ginge dann aber die Ortsunschärfe Δx des Teilchens gegen unendlich, was wegen $\Delta x = a$ unzulässig ist.
Unter Beachtung von $\Delta x = a$ und $\Delta p_x = m \cdot \Delta v_x$ ergibt sich aus der Unschärferelation

$$\Delta v_x \geq \frac{h}{2 \cdot a \cdot m \cdot \pi}, \quad \text{hieraus } v_x \geq \frac{h}{2 \cdot a \cdot m \cdot \pi} \quad \text{und damit}$$

$$E_{kin} = \frac{1}{2} \cdot m \cdot v_x^2 \geq \frac{1}{2} \cdot m \cdot \frac{h^2}{4 \cdot a^2 \cdot m^2 \cdot \pi^2} = \frac{h^2}{8 \cdot a^2 \cdot m \cdot \pi^2}.$$

Wegen seiner zeitlich begrenzten Lebensdauer $\Delta t \approx 10^{-8}$ s weist ein 6
angeregter atomarer Zustand nach der verallgemeinerten Unschärferelation

$$\Delta E \cdot \Delta t \geq \frac{h}{2 \cdot \pi}$$

eine **Energieunschärfe** ΔE auf. Die von den angeregten Atomen aus geringfügig höher oder tiefer liegenden Energieniveaus emittierten Photonen haben daher geringfügig verschiedene Energien. Eine **Spektrallinie** weist daher auch bei sonst idealen Versuchsbedingungen eine **prinzipielle Unschärfe** auf.

7 Bezeichnet Δt die mittlere Lebensdauer eines instabilen Teilchens, so weist seine Energie die prinzipielle Unschärfe

$$\Delta E \geq \frac{h}{2 \cdot \pi \cdot \Delta t}$$

auf. Wegen $\Delta E = \Delta m \cdot c^2$ lässt sich die Teilchenmasse nur mit der Unsicherheit

$$\Delta m = \frac{\Delta E}{c^2} \geq \frac{h}{c^2 \cdot 2 \cdot \pi \cdot \Delta t}$$

bestimmen.

8 Bei jedem Makrokörper bedingt eine genaue Lokalisation eine Geschwindigkeitsunschärfe, die aber wegen des sehr kleinen Werts des Planck'schen Wirkungsquantums so klein ist, dass sie messtechnisch nicht nachgewiesen werden kann. In diesem Sinn ist die **Unschärferelation** selbst **für** sehr kleine **Makrokörper bedeutungslos**.

Grundlagen der Atomphysik

7 Das Atommodell von Rutherford und seine Vorläufer

Ein anschauliches Bild zur Beschreibung von Aufbau und Verhalten der Atome bezeichnet man als Atommodell. Es gibt kein Modell, das alle Eigenschaften der Atome vollständig beschreibt.

Atommodelle nach Dalton von 1808 1

a) Jedes Element besteht aus kleinsten, chemisch nicht weiter zerlegbaren Teilchen, den Atomen.
b) Alle Atome eines bestimmten chemischen Elements haben untereinander die gleiche Masse und Größe. Masse und Größe der Atome zweier verschiedener Elemente unterscheiden sich in charakteristischer Weise voneinander.
c) Die Atome gleicher oder verschiedener chemischer Elemente können sich zu Verbindungen zusammenlagern.

Dalton konnte damit für chemische Reaktionen die Gesetze der Massenerhaltung, der konstanten und der multiplen Proportionen erklären.

Atom- und Molekülbegriff 2

„Atome" werden als die kleinsten, mit chemischen Mitteln nicht mehr teilbaren Bausteine der Materie verstanden, „Moleküle" als die kleinsten Teilchen einer Substanz, welche noch die gleichen chemischen Eigenschaften wie die gesamte Substanz besitzen.

Im **mechanischen Atommodell** stellt man sich Atome als kugelförmige, ideal elastische Gebilde vor, deren Durchmesser ca. 10^{-10} m beträgt. Damit lassen sich erklären: Brown'sche Molekularbewegung, Diffusion und Osmose, die Annahmen der kinetischen Gastheorie. Nicht aber elektrische und magnetische Eigenschaften der Atome, deren Ionisierbarkeit, chemische Bindungen, Radioaktivität, die Entstehung der Spektrallinien. 3

4 Das **Thomson'sche Atommodell** von 1904 ist eine Erweiterung des mechanischen Atommodells zur Erklärung elektrischer Eigenschaften der Materie:
Ein Atom besteht aus einer homogen verteilten, positiv geladenen Masse in Kugelform, in die sehr viel kleinere Kugeln mit negativer Ladung, die Elektronen, eingebettet und durch elektrostatische Kräfte an bestimmte Ruhelagen gebunden sind. Die Anzahl der Elektronen ist so groß, dass ihre gesamte negative Ladung der positiven des übrigen Atoms gleich ist.

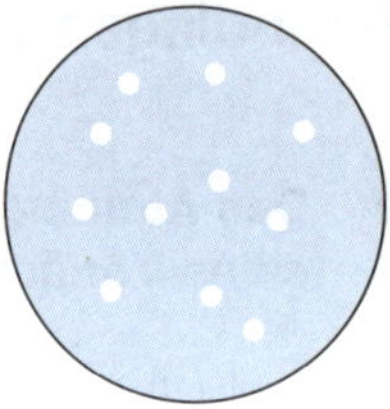

5 In **Lenards Streuversuch** treten entsprechend der Skizze schnelle Elektronen aus einer Entladungsröhre durch eine wenige µm dünne Metallfolie ins Freie.

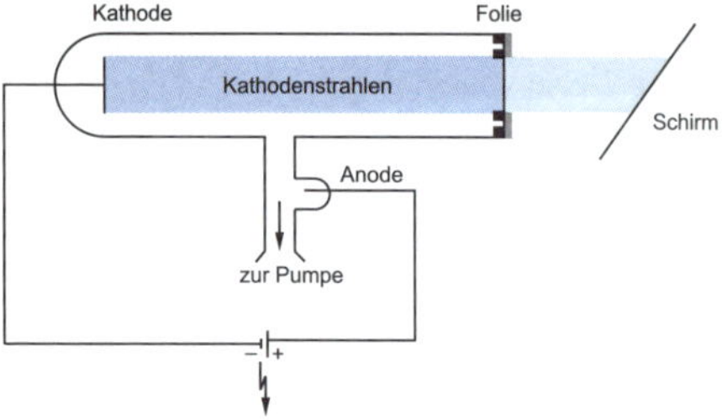

Dort lässt sich mithilfe eines fluoreszierenden Schirms nachweisen, dass nur sehr wenige Elektronen in der Folie absorbiert wurden. Dies ist unmöglich, wenn Atome wie im Thomson'schen Modell homogen mit Masse gefüllte Kugeln sind, da bei einem Atomdurchmesser von 10^{-10} m und einer Foliendicke von einigen µm die Elektronen einige zehntausend Atomschichten durchdrungen hätten. Das **Thomson'sche Atommodell** ist **nicht haltbar**.

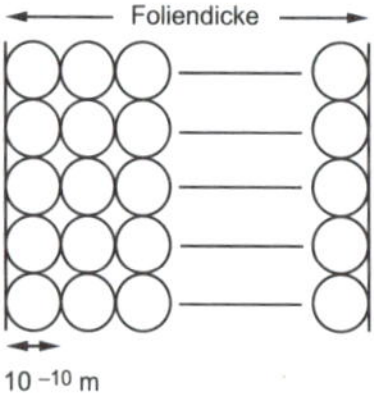

Rutherfords Streuversuch

Von der Strahlung eines α-Präparats trifft ein Parallelbündel definierter Richtung senkrecht auf eine dünne Goldfolie. Mit einer hinter der Folie auf einem Kreisbogen beweglichen Zählvorrichtung wird die Richtungsverteilung der gestreuten α-Teilchen registriert.

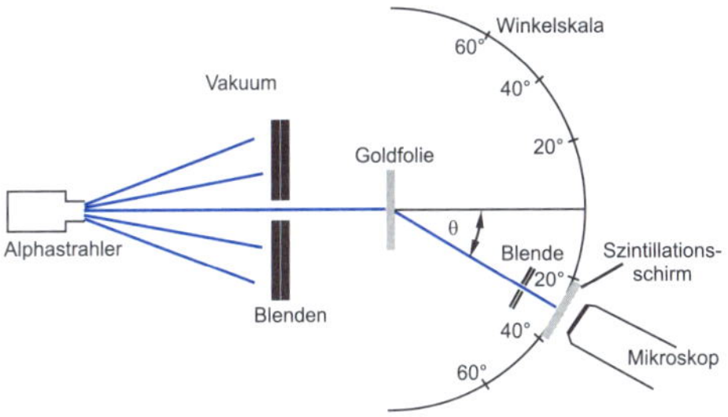

Ergebnisse des Rutherford'schen Streuversuchs:

a) Fast alle α-Teilchen gehen unabgelenkt durch die Folie hindurch.

b) Kleine Ablenkwinkel θ kommen häufiger vor, große außerordentlich selten. Gelegentlich ist auch eine

c) Rückwärtsstreuung unter 180° zu beobachten.

d) Große Ablenkwinkel kommen nicht durch viele kleinere Ablenkungen gleicher Richtung zustande.

e) Die gestreuten α-Teilchen weisen einen nur unmerklichen Energieverlust auf.

Rutherford folgert hieraus:

a) Der größte Teil des Atoms ist leer.

b) Wegen der wesentlich kleineren Elektronenmasse kommen große Ablenkwinkel nicht durch Wechselwirkung des α-Teilchens mit Elektronen, sondern mit einem **räumlich sehr begrenzten** Streuzentrum, dem **Atomkern**, zustande.

c) Dieser **Kern** vereinigt **fast die gesamte Masse des Atoms** in sich, da sich die kinetische Energie der α-Teilchen nur unmerklich ändert.

d) Da die Rückwärtsstreuung von α-Teilchen um 180° nur bei gleichnamiger Ladung der Stoßpartner erklärbar ist, ist der **Kern positiv** geladen.

7 Rutherfords Atommodell von 1911

Atome bestehen aus einem positiv geladenen Atomkern von ca. 10^{-14} m Durchmesser, der nahezu die gesamte Masse enthält. Ihn umkreisen Elektronen nach Art eines Planetensystems. Für die Kreisbahnen gilt die Kräftebilanz:

$$\vec{F}_{\text{Coulomb}} = \vec{F}_{\text{zentripetal}}$$

Die Elektronen neutralisieren die positive Ladung des Kerns, sodass das Atom nach außen hin elektrisch neutral erscheint. Die Elektronenhülle bestimmt den Durchmesser des Atoms (ca. 10^{-10} m) und bildet einen festen elastischen Abschluss des Atoms nach außen.

8 Die Rutherford'sche Streuformel

Wirken zwischen den Stoßpartnern nur Coulombkräfte, so liefern die Gesetze der Newton'schen Mechanik für die Wahrscheinlichkeit $P(\theta)$, mit der ein α-Teilchen im Winkelbereich θ bis $\theta - \Delta\theta$ gestreut wird:

$$P(\theta) = n \cdot d \cdot \frac{(Z \cdot e)^2 \cdot e^2}{4 \cdot \pi \cdot \varepsilon_0^2 \cdot m_\alpha^2 \cdot v^4} \cdot \frac{\cos\left(\frac{\theta}{2}\right)}{\sin^3\left(\frac{\theta}{2}\right)} \cdot \Delta\theta.$$

Dabei bedeuten:

n: Dichte der Streuzentren
d: Dicke der Streufolie
m_α: Ruhemasse eines α-Teilchens
Z: Kernladungszahl
e: Elementarladung
v: Geschwindigkeit des α-Teilchens

9 Der Rutherford'sche Kernradius

Überschreitet die kinetische Energie der α-Teilchen einen Wert $E_{\text{kin, grenz}}$, stellt man Abweichungen von der Streuformel fest. Diese erklärt man mit dem Einfluss der Kernkräfte, da energiereiche α-Teilchen dem Kern sehr nahe kommen können.

Der Abstand r_K, bis auf den sich ein α-Teilchen der kinetischen Energie $E_{\text{kin, grenz}}$ bei einem geraden zentralen Stoß dem Kern nähern kann, heißt Rutherford'scher Kernradius (→ 14|1).

Aus

$$E_{kin,\,grenz} = E_{Coulomb} = \frac{(Z \cdot e) \cdot (2 \cdot e)}{4 \cdot \pi \cdot \varepsilon_0} \cdot \frac{1}{r_K}$$

folgt:

$$r_K = \frac{(Z \cdot e) \cdot (2 \cdot e)}{4 \cdot \pi \cdot \varepsilon_0} \cdot \frac{1}{E_{kin,\,grenz}}.$$

Mithilfe der Rutherford'schen Streuformel kann die **Kernladungszahl** Z durch bekannte oder messbare Größen ausgedrückt werden. Chadwick zeigte damit, dass Z mit der **Ordnungszahl im Periodensystem der Elemente** übereinstimmt. 10

Unzulänglichkeiten des Rutherford'schen Atommodells 11

a) Atome sind nach Rutherford instabil. Die kreisenden Elektronen stellen beschleunigte Ladungen dar, strahlen nach den Gesetzen der klassischen Physik elektromagnetische Energie ab und stürzen aufgrund dieses Energieverlustes auf Spiralbahnen in den Kern.
b) Der Bahnbegriff ist unzulässig, da er im Widerspruch zur Heisenberg'schen Unschärferelation die gleichzeitige genaue Kenntnis von Ort und Geschwindigkeit eines Bahnelektrons voraussetzt.
c) Dass für den Elektronenbahnradius beliebige Werte zulässig sind, widerspricht der Erfahrungstatsache, dass alle Atome eines chemischen Elements gleichen Hüllenradius besitzen.
d) Da die Elektronen spiralig in den Kern stürzen, müssten Atome Licht kontinuierlich abnehmender Wellenlänge aussenden. Die Linienspektren der Atome sind nicht erklärbar.

8 Quantenhafte Emission und Absorption von Energie durch Atome

Die in diesem Abschnitt beschriebenen Experimente belegen, dass Atome Energie nur in ganz bestimmten Beträgen absorbieren und emittieren können. Sie beweisen damit indirekt, dass Atome nur ganz bestimmte, diskrete Energieniveaus besitzen.

1 Die Zufuhr von Energie, durch welche Elektronen eines Atoms nicht abgelöst, sondern in einen höheren Energiezustand überführt werden, nennt man **Anregung**. Atome können **durch Teilchenstöße** (von Elektronen, Atomen, ...) oder **durch Bestrahlung mit Photonen** angeregt werden.

Anregung mit Photonen ist aber nur möglich, wenn die Photonenenergie exakt der Differenz zwischen End- und Ausgangsniveau im Atom entspricht. Dagegen kann die kinetische Energie eines stoßenden Elektrons oder Atoms über der Anregungsenergie liegen. Der Überschuss verbleibt dem stoßenden Teilchen als kinetische Energie. Monochromatische Wellenstrahlung kann bei Atomen höchstens ein Energieniveau anregen, monoenergetische Elektronenstrahlung auch mehrere.

2 Thermische Anregung von Natriumatomen

Bringt man Kochsalz in eine nicht leuchtende Bunsenflamme, so geht von der Flamme gelbes Licht der Wellenlänge $\lambda = 589$ nm aus. Von den durch Dissoziation der NaCl-Moleküle in der Bunsenflamme entstandenen freien Natriumatomen ist nämlich ein Teil aufgrund ihrer Wärmebewegung energetisch zur Stoßanregung anderer Natriumatome in der Lage. Nach Ablauf der typischen Lebensdauer angeregter Zustände von etwa 10^{-8} s kehren die angeregten Natriumatome in den Grundzustand zurück. Die Energiedifferenz zwischen dem angeregten und dem Grundzustand wird in Form eines Photons der Energie

$$E_{Ph} = \frac{h \cdot c}{\lambda}$$

mit $\lambda = 589$ nm abgeführt.

3 Anregung mit Photonen

Beleuchtet man eine mit Kochsalz bestreute Bunsenflamme abwechselnd mit dem Licht einer Natriumdampf- bzw. einer Glühlampe gleicher Lichtleistung, so beobachtet man auf einem Schirm hinter der Flamme nur bei der Natriumdampflampe einen Schatten der Flamme.

Die von der Natriumdampflampe emittierten Photonen sind nämlich alle zur Anregung der freien Natriumatome in der Flamme fähig,

viele werden absorbiert. Die angeregten Natriumatome geben die aufgenommene Energie zwar innerhalb von 10^{-8} s durch Photonenemission wieder ab, strahlen diese Photonen jedoch allseitig ab, sodass nur noch eine geringe Zahl zum Schirm gelangt.
Von den Photonen im kontinuierlichen Spektrum der Glühlampe haben fast alle eine für die Anregung zu große oder zu kleine Energie und werden von den Natriumatomen nicht absorbiert. Der Ausfall der wenigen zur Anregung fähigen Photonen reicht zur Schattenbildung nicht aus.

Resonanzfluoreszenz von Natriumdampf 4

Beleuchtet man Natriumdampf, der sich in einem sonst gut evakuierten Glaskolben befindet, mit Natriumdampflampenlicht, so beobachtet man eine gelbliche Trübung. Ersetzt man die Natriumdampflampe aber durch eine Glühlampe gleicher Lichtleistung, so tritt die Trübung nicht auf. Die Natriumatome innerhalb des Glaskolbens absorbieren nämlich viele der eingestrahlten Photonen des Natriumdampflampenlichts und emittieren sie anschließend allseitig wieder. Die meisten Photonen im kontinuierlichen Spektrum der Glühlampe können aber die Natriumatome im Glaskolben nicht anregen, und „fliegen" daher „ungestört" durch den Glaskolben, ohne ins Auge des Beobachters zu gelangen.
Fluoreszenz nennt man die von einem Körper emittierte Lichtstrahlung, die durch den Übergang angeregter Atome, Moleküle oder Ionen in den Grundzustand hervorgerufen wird und sofort nach Beendigung der die Anregung hervorrufenden Einwirkung aufhört. Bei der beobachteten Gelbtrübung stimmt die Frequenz des anregenden Lichts und des von den angeregten Atomen emittierten Lichts überein. Man spricht daher von „Resonanzfluoreszenz".

Umkehrung der Natrium-D-Linie 5

Das weiße Licht einer Bogenlampe fällt durch einen engen Spalt, der mithilfe einer Linse auf einen Schirm abgebildet wird. Ein hinter der Linse angebrachtes Geradsichtprisma erzeugt ein helles kontinuierliches Spektrum. Streut man NaCl in die Flamme des Bunsenbrenners, so erscheint im gelben Bereich des Spektrums, bei 589 nm, eine scharfe schwarze Linie.

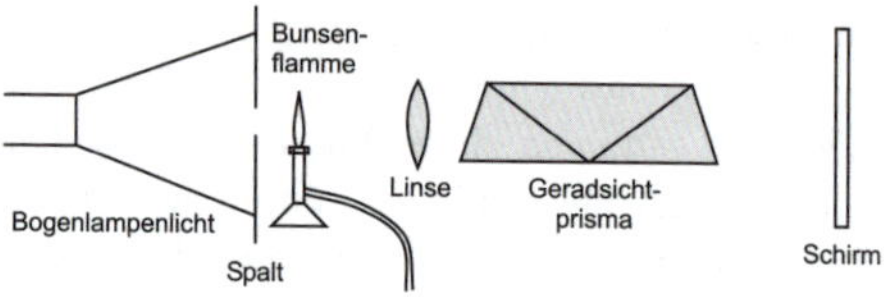

Im weißen Bogenlampenlicht befinden sich nämlich auch Photonen der Wellenlänge $\lambda = 589$ nm, die alleine zur Anregung der Natriumatome in der Bunsenflamme fähig sind. Zwar geben die angeregten Natriumatome die aufgenommene Energie sofort wieder durch Photonenemission ab, jedoch allseitig, sodass nur mehr wenige Photonen der Wellenlänge 589 nm zum Schirm gelangen. Alle anderen Photonen des Bogenlampenlichts sind nicht zur Anregung der Natriumatome in der Lage und gelangen ungestört zum Schirm. Dadurch entsteht im Spektrum an der Stelle, an der die 589 nm-Photonen hätten eintreffen müssen, ein dunkles Spaltbild (Umkehrung der Na-D-Linie).

6 Lässt man Sonnenlicht auf den Spalt eines Spektroskops fallen, so erhält man ein kontinuierliches Spektralband mit der Farbenfolge violett-blau-grün-gelb-rot. Parallel zum Spalt des Spektroskops ist es von einer großen Zahl dunkler Linien, den **Fraunhofer'schen Linien**, durchsetzt. Es handelt sich hierbei um Absorptionslinien, die durch Absorption der kontinuierlichen Sonnenstrahlung in der Sonnenatmosphäre entstehen. Moderne Zusammenstellungen verzeichnen 22 000 Fraunhoferlinien.

7 Das Wasserstoffemissionsspektrum

Die Wellenlängen der vom Wasserstoffatom emittierten Spektrallinien lassen sich mit der **allgemeinen Serienformel** berechnen:

$$\frac{1}{\lambda} = \frac{R}{n_1^2} - \frac{R}{n_2^2}, \quad n_1 = 1, 2, 3, \ldots \quad n_2 = n_1 + 1, n_1 + 2, n_1 + 3, \ldots$$

$\bar{f} := \lambda^{-1}$ heißt **Wellenzahl** und gibt an, wie viele ganze Wellen auf eine Längeneinheit passen. Ein Term der Form

$$T_n = -\frac{R}{n^2}, \quad n \in \mathbb{N},$$

heißt **Spektralterm**,

$$R = 1{,}1 \cdot 10^7 \frac{1}{m}$$

ist dabei die **Rydbergkonstante**. Die Wellenzahlen der Linien des Wasserstoffemissionsspektrums lassen sich als Differenz zweier Spektralterme darstellen:

$$\frac{1}{\lambda} = T_{n_2} - T_{n_1} = R \cdot \left(\frac{1}{n_1^2} - \frac{1}{n_2^2}\right).$$

Die einzelnen Spektrallinien des Wasserstoffemissionsspektrums lassen sich in Spektralserien zusammenfassen. Jede Serie besteht aus den Linien, die einen gemeinsamen **festen Term** T_{n_1} haben; T_{n_2} ist der **Laufterm**.

Lyman-Serie: $\frac{1}{\lambda} = R \cdot \left(1 - \frac{1}{n^2}\right)$

$n = 2, 3, 4, \ldots$ (ganz im UV-Bereich)

Balmer-Serie: $\frac{1}{\lambda} = R \cdot \left(\frac{1}{4} - \frac{1}{n^2}\right)$

$n = 3, 4, 5, \ldots$ (4 Linien im sichtbaren, die restlichen im UV-Bereich)

Paschen-Serie: $\frac{1}{\lambda} = R \cdot \left(\frac{1}{9} - \frac{1}{n^2}\right)$

$n = 4, 5, 6, \ldots$ (ganz im Infrarot-Bereich)

Brackett-Serie: $\frac{1}{\lambda} = R \cdot \left(\frac{1}{16} - \frac{1}{n^2}\right)$

$n = 5, 6, 7, \ldots$ (ganz im Infrarot-Bereich)

Pfund-Serie: $\frac{1}{\lambda} = R \cdot \left(\frac{1}{25} - \frac{1}{n^2}\right)$

$n = 6, 7, 8, \ldots$ (ganz im Infrarot-Bereich)

Die Wellenzahlen der einzelnen Spektrallinien einer Spektralserie werden in Richtung zu kürzeren Wellenlängen hin immer dichter und konvergieren in der **Seriengrenze**. Für die zugehörige Wellenlänge λ_G gilt:

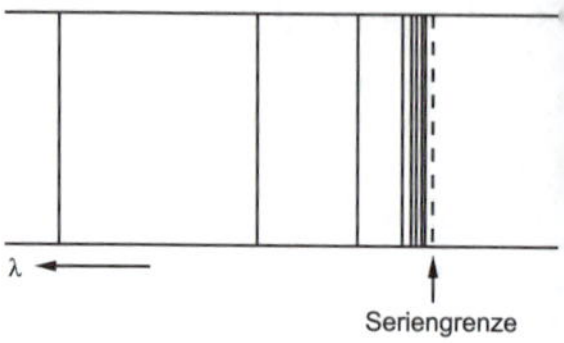

$$\frac{1}{\lambda_G} = \lim_{n_2 \to \infty} \left(\frac{R}{n_1^2} - \frac{R}{n_2^2} \right) = \frac{R}{n_1^2}$$

8 Trägt man die numerischen Werte der Spektralterme

$$T_n = -\frac{R}{n^2}$$

auf einer vertikalen Achse ab und verlängert die Markierungsstriche horizontal, so erhält man das **Spektraltermschema**, in dem sich die Wellenzahlen grafisch als Streckenlängen zwischen zwei Spektraltermmarken darstellen.

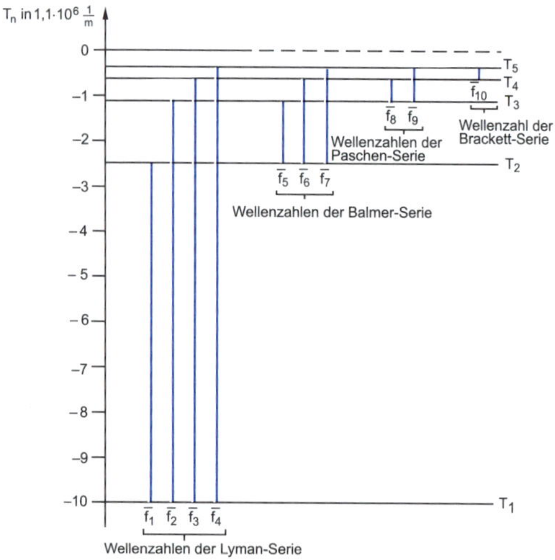

Mithilfe dieses Schemas erkennt man, dass man durch Addition oder Subtraktion zweier Wellenzahlen wieder eine Wellenzahl erhalten kann, aber nicht muss **(Ritz'sches Kombinationsprinzip)**:
So sind $\overline{f}_1 + \overline{f}_5 = \overline{f}_2, \overline{f}_4 - \overline{f}_2 = \overline{f}_9$ Wellenzahlen, $\overline{f}_1 + \overline{f}_2, \overline{f}_1 - \overline{f}_5$ dagegen nicht. Eine beliebige, nicht zur Lyman-Serie gehörige Wellenzahl lässt sich aber immer als Differenz geeigneter Wellenzahlen allein der Lyman-Serie darstellen.

Mit dem **Franck-Hertz-Versuch** weist man direkt nach, dass sich durch **Elektronenstoß nur ganz bestimmte Energiebeträge auf ein Atom übertragen lassen**, die charakteristisch für die Atomart sind. 9

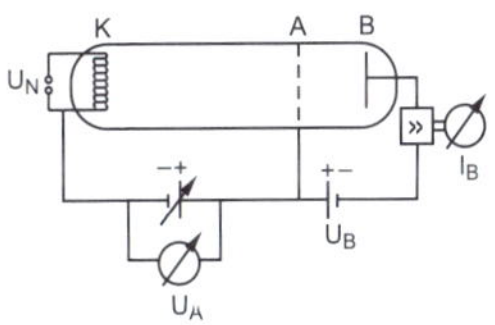

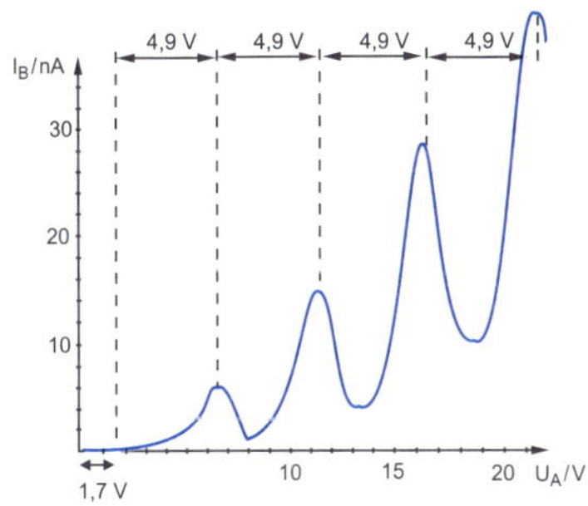

In einer mit Quecksilberdampf gefüllten Triode werden an der Kathode K Elektronen glühelektrisch freigesetzt und von einer Gleichspannung U_A zum Gitter A beschleunigt. Dahinter durchlaufen sie zwischen A und B ein schwaches elektrisches Gegenfeld.
Misst man die **Stärke des** in B eintreffenden **Elektronenstroms als Funktion der Beschleunigungsspannung** U_A, so erhält man ein aus periodischen, lokalen Strommaxima und -minima bestehendes Diagramm.
Erklärung: Mit wachsender Beschleunigungsspannung werden pro Zeiteinheit immer mehr Glühelektronen zur Anode gezogen. Eventuelle **Stöße** mit Quecksilberatomen erfolgen **elastisch** und wegen des enormen Massenunterschieds der Stoßpartner **ohne Energieübertrag**. Sie durchfliegen das Gitter und können erfolgreich gegen die Bremsspannung anlaufen. Die Stärke des Auffängerstroms steigt an.

Bei einer bestimmten Beschleunigungsspannung hat die kinetische Energie der Elektronen unmittelbar vor dem Gitter den Wert erreicht, welcher der niedrigsten Anregungsenergie der Quecksilberatome entspricht. Jetzt **stoßen** die Elektronen **unelastisch** mit den Quecksilberatomen. Bei einem Stoß verlieren sie ihre gesamte kinetische Energie durch Anregung der Hg-Atome und können nicht mehr gegen die Bremsspannung anlaufen. Die Stärke des Auffängerstroms sinkt.

Bei weiterer Steigerung von U_A erreichen die Elektronen die notwendige Energie für einen unelastischen Stoß mit den Quecksilberatomen bereits weiter vor dem Gitter, gewinnen auf der Reststrecke bis A erneut kinetische Energie und können wieder erfolgreich gegen die Bremsspannung anlaufen. I_B steigt wieder an. Erreichen sie jedoch bei weiterer Steigerung von U_A kurz vor dem Gitter zum zweiten Mal die kinetische Energie, die sie zur Anregung der Quecksilberatome befähigt, so wiederholt sich der Abfall von I_B. Durch weitere Erhöhung der Beschleunigungsspannung U_A ergeben sich analog weitere periodische Strommaxima und -minima.

Da nicht jedes Elektron, das energetisch zu einem unelastischen Stoß in der Lage ist, ein Quecksilberatom als Stoßpartner findet, geht der Strom zwischen zwei Maxima nicht auf null zurück.

Die Abrundung der lokalen Extrema liegt an der uneinheitlichen Elektronengeschwindigkeit. Schnellere (langsamere) Elektronen stoßen bereits bei kleineren (erst bei größeren) Spannungen unelastisch mit den Quecksilberatomen.

10 Bestimmung des Planck'schen Wirkungsquantums

Die angeregten Quecksilberatome einer Franck-Hertz-Röhre emittieren bei der Rückkehr in den Grundzustand UV-Licht der Wellenlänge $\lambda = 253$ nm. Da sich die Anregungsenergie der Quecksilberatome aus dem Versuch zu 4,9 eV ergibt, folgt:

$$\frac{h \cdot c}{\lambda} = 4{,}9\text{ eV}$$

$$\Rightarrow h = \frac{4{,}9\text{ eV} \cdot \lambda}{c} = \frac{4{,}9\text{ eV} \cdot 253 \cdot 10^{-9}\text{ m}}{3{,}0 \cdot 10^{8}\,\frac{\text{m}}{\text{s}}} = 4{,}1 \cdot 10^{-15}\text{ eV} \cdot \text{s}$$

9 Bohr'sches Atommodell

1913 ergänzte Bohr das Rutherford'sche Atommodell durch zwei Postulate, um so die quantenhafte Emission und Absorption von Energie beim Wasserstoffatom erklären zu können.

Die Bohr'schen Annahmen 1

a) **Erstes Bohr'sches Postulat:** Im Wasserstoffatom kann sich das Elektron nur auf ganz bestimmten Kreisbahnen vom Radius r_n strahlungsfrei um den Kern bewegen. Eine Bahn ist zulässig, wenn das Produkt aus ihrer Länge $2 \cdot \pi \cdot r_n$ und dem Impuls $m \cdot v_n$ des Elektrons ein ganzzahliges Vielfaches des Planck'schen Wirkungsquantums h ist:

$$2 \cdot \pi \cdot r_n \cdot m \cdot v_n = n \cdot h, \quad n = 1, 2, 3, \ldots$$

b) **Zweites Bohr'sches Postulat:** Beim Übergang von einer energiereicheren (Energie E_{n_1}) auf eine energieärmere (Energie E_{n_2}) Bahn wird die Energiedifferenz in Form eines Photons der Energie

$$\frac{h \cdot c}{\lambda} = E_{n_1} - E_{n_2}$$

abgestrahlt. Beim umgekehrten Vorgang wird dieses Energiequant aufgenommen.

Die Bohr'sche Quantenbedingung 2

Die Materiewelle des Elektrons auf einer Quantenbahn löscht sich nur dann nicht durch Interferenz selbst aus (Bild B), wenn es sich um eine stehende Welle handelt (Bild A). Dafür muss die Länge der Kreisbahn ein ganzzahliges Vielfaches der Materiewellenlänge sein:

$$U_n = n \cdot \lambda_n.$$

Ersetzt man in dieser Gleichung U_n durch $2 \cdot \pi \cdot r_n$ und λ_n durch $\frac{h}{m \cdot v_n}$, erhält man die Bohr'sche Quantenbedingung

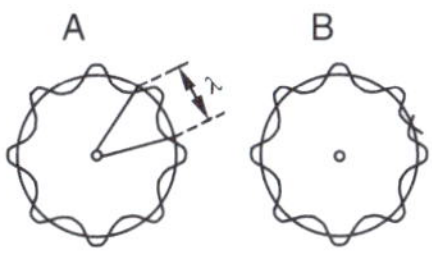

$$2 \cdot \pi \cdot r_n \cdot m \cdot v_n = n \cdot h,$$
$$n = 1, 2, 3, \ldots$$

3 Bahnradien und -geschwindigkeiten

Die Kräftebilanz $F_{Coulomb} = F_{Zentral}$ und die Bohr'sche Quantenbedingung lauten in mathematischer Form:

a) $\frac{1}{4 \cdot \pi \cdot \varepsilon_0} \cdot \frac{e^2}{r_n^2} = \frac{m \cdot v_n^2}{r_n}$

b) $2 \cdot \pi \cdot r_n \cdot m \cdot v_n = n \cdot h$

Löst man dieses Gleichungssystem nach den Unbekannten r_n und v_n auf, so erhält man:

$$r_n = \frac{\varepsilon_0 \cdot h^2}{m \cdot e^2 \cdot \pi} \cdot n^2 \text{ und } v_n = \frac{e^2}{2 \cdot \varepsilon_0 \cdot h} \cdot \frac{1}{n}, \quad n = 1, 2, 3, \ldots$$

4 Energiestufen

Setzt man die Bahngeschwindigkeit in die Beziehungen für die **kinetische Energie des Elektrons** ein, so erhält man:

$$E_{kin} = \frac{1}{2} \cdot m \cdot v_n^2 = \frac{e^4 \cdot m}{8 \cdot \varepsilon_0^2 \cdot h^2} \cdot \frac{1}{n^2}.$$

Setzt man den Bahnradius in die Beziehungen für die **potenzielle Energie des Elektrons** ein, so erhält man:

$$E_{pot} = -\frac{e^2}{4 \cdot \pi \cdot \varepsilon_0} \cdot \frac{1}{r_n} = -\frac{e^4 \cdot m}{4 \cdot \varepsilon_0^2 \cdot h^2} \cdot \frac{1}{n^2}.$$

Die **Gesamtenergie** E_n des Elektrons **auf der n-ten Quantenbahn** ergibt sich durch Addition von E_{kin} und E_{pot} zu:

$$E_n = E_{kin} + E_{pot} = -\frac{e^4 \cdot m}{8 \cdot \varepsilon_0^2 \cdot h^2} \cdot \frac{1}{n^2}.$$

5 Zusammenhang zwischen den Energiestufen und der allgemeinen Serienformel

Setzt man die Beziehung für die Gesamtenergie in das 2. Bohr'sche Postulat ein, so erhält man für die Energie des abgestrahlten Photons

$$\frac{h \cdot c}{\lambda} = \frac{e^4 \cdot m}{8 \cdot \varepsilon_0^2 \cdot h^2} \cdot \left(\frac{1}{n_1^2} - \frac{1}{n_2^2} \right)$$

und für seine Wellenlänge

$$\frac{1}{\lambda} = \frac{e^4 \cdot m}{8 \cdot \varepsilon_0^2 \cdot h^3 \cdot c} \cdot \left(\frac{1}{n_1^2} - \frac{1}{n_2^2} \right).$$

Aus der Übereinstimmung des experimentell bestimmten Werts der **Rydbergkonstanten R** mit dem numerischen Wert des Terms

$$\frac{e^4 \cdot m}{8 \cdot \varepsilon_0^2 \cdot h^3 \cdot c}$$

ergibt sich die **allgemeine Serienformel** des Wasserstoffatoms (→ 8|7):

$$\frac{1}{\lambda} = R \cdot \left(\frac{1}{n_1^2} - \frac{1}{n_2^2} \right).$$

Für die **Energiestufen im Wasserstoffatom** folgt aus 6

$$R = \frac{e^4 \cdot m}{8 \cdot \varepsilon_0^2 \cdot h^3 \cdot c}$$

die kompakte Darstellung

$$E_n = -R \cdot h \cdot c \cdot \frac{1}{n^2}.$$

Trägt man die numerischen Werte der Energiestufen im Wasserstoffatom auf einer vertikalen Achse an und verlängert die Markierungsstriche horizontal, so erhält man nebenstehendes **Energieniveauschema**. Es stellt die beim Elektronenübergang zwischen zwei Quantenbahnen emittierte oder absorbierte Energie grafisch als Strichlängen zwischen den entsprechenden Energietermmarken dar. 7

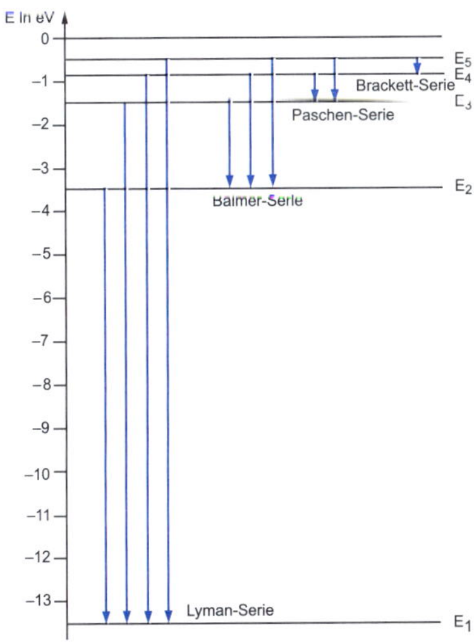

Wegen

$$E_n = -R \cdot h \cdot c \cdot \frac{1}{n^2} = h \cdot c \cdot T_n$$

stimmt es bis auf den multiplikativen Faktor $h \cdot c$ mit dem Spektraltermschema (→ 8|8) überein.

8 Unter der **Ionisierungsenergie eines Atoms** versteht man die kleinste Energie, die zur Abtrennung eines Elektrons aus der Elektronenhülle des im Grundzustand befindlichen Atoms erforderlich ist.
Das Wasserstoffatom ist dann unter minimalem Energieaufwand ionisiert worden, wenn sich sein Elektron in unendlicher Entfernung vom Atomkern in Ruhe befindet. Die Gesamtenergie des Elektrons ist dann null. Also gilt:

$$E_{ion} = 0 - (-R \cdot h \cdot c) = R \cdot h \cdot c.$$

9 Alternative Energieskala

Addiert man die Ionisierungsenergie (→ 9|8) $E_{ion} = R \cdot h \cdot c$ zu $E_n = -R \cdot h \cdot c \cdot \frac{1}{n^2}$, so verschiebt sich das Energieniveauschema um den Betrag E_{ion} nach oben, ohne dass sich dabei die Abstände zwischen den Energieniveaus verändern. Die modifizierten Energiestufen

$$E_n^* = R \cdot h \cdot c \cdot \left(1 - \frac{1}{n^2}\right)$$

nehmen dann nur positive Werte an und besitzen den kleinsten Energiewert null für $n = 1$.

10 Mitbewegung des Kerns

Da der Quotient $\frac{m}{m_K}$ aus Elektronen- und Kernmasse nicht null ist, bewegen sich Kern und Elektron im Wasserstoffatom um den gemeinsamen Schwerpunkt. Der Bohr'sche Ansatz berücksichtigt dies durch einen multiplikativen Faktor bei der Rydbergkonstante (→ 9|5):

$$R = \frac{e^4 \cdot m}{8 \cdot \varepsilon_0^2 \cdot h^3 \cdot c} \cdot \frac{1}{1 + \frac{m}{m_K}}.$$

Man unterscheidet daher, je nach Genauigkeitsanspruch, zwischen den Rydbergkonstanten

$$R_\infty = \frac{e^4 \cdot m}{8 \cdot \varepsilon_0^2 \cdot h^3 \cdot c}, \quad \text{wenn} \quad \frac{m}{m_K} \approx 0,$$

und

$$R_H = \frac{e^4 \cdot m}{8 \cdot \varepsilon_0^2 \cdot h^3 \cdot c} \cdot \frac{1}{1 + \frac{m}{m_P}};$$

m bzw. m_P bezeichnen dabei die Ruhemassen des Elektrons bzw. Protons.

Die geringfügige Blauverschiebung der Spektrallinien im Emissions- 11
spektrum des Wasserstoffisotops Deuterium, ${}_1^2H$, gegenüber dem normalen Wasserstoff, ${}_1^1H$, bezeichnet man als **Isotopieeffekt**. Verantwortlich dafür ist die geringfügig größere Rydbergkonstante (→ 9|10) des Deuteriums:

$$R_{{}_1^2H} = \frac{e^4 \cdot m}{8 \cdot \varepsilon_0^2 \cdot h^3 \cdot c} \cdot \frac{1}{1 + \frac{m}{m_{{}_1^2H}}} > \frac{e^4 \cdot m}{8 \cdot \varepsilon_0^2 \cdot h^3 \cdot c} \cdot \frac{1}{1 + \frac{m}{m_{{}_1^1H}}} = R_{{}_1^1H}$$

Wasserstoffähnliche Einelektronensysteme 12

a) Bei einem Ion der Kernladungszahl Z, das alle Elektronen bis auf ein einziges verloren hat, bewegt sich das verbliebene Elektron um einen Kern der Ladung $Z \cdot e$.
b) Bei Alkaliatomen bewegt sich das einzige, für Anregungen infrage kommende Elektron auf der äußersten, noch besetzten Schale um einen Kern, von dessen Z-fach positiver Ladung die Elektronen der inneren, abgeschlossenen Elektronenschalen den Anteil $\sigma \cdot e$ abschirmen.

Der Bohr'sche Ansatz zur Berechnung der Energiestufen im Wasserstoffatom ist daher auch für diese Systeme zulässig, wenn man in der Kräftebilanz eine Elementarladung durch $Z \cdot e$ bzw. $(Z - \sigma) \cdot e$ ersetzt (→ 9|3). Man erhält so für die Energiestufen

a) im (Z–1)-fach ionisierten Ion: $E_n = -Z^2 \cdot \frac{e^4 \cdot m}{8 \cdot \varepsilon_0^2 \cdot h^2} \cdot \frac{1}{n^2}$

b) im Alkaliatom: $E_n = -(Z-\sigma)^2 \cdot \frac{e^4 \cdot m}{8 \cdot \varepsilon_0^2 \cdot h^2} \cdot \frac{1}{n^2}$

13 Die Differenz Z-σ aus der Kernladungszahl Z und der **Abschirmkonstanten σ** heißt **effektive Kernladungszahl** und wird mit $\mathbf{Z_{eff}}$ bezeichnet. Für ein Elektron der n-ten Quantenbahn lässt sich σ mithilfe der empirisch gefundenen **Regel von C. J. Slater** berechnen: Jedes weitere auf einer Quantenbahn m befindliche Elektron des Atoms ist bei σ mit 1,0 bzw. 0,85 bzw. 0,35 bzw. nicht zu berücksichtigen, wenn $m < n - 1$ bzw. $m = n - 1$ bzw. $m = n$ bzw. $m > n$.

14 Die Mitbewegung des Kerns macht sich bei wasserstoffähnlichen Einelektronensystemen nur bei leichten Kernen bemerkbar, da der Korrekturfaktor (→ 9|10) mit zunehmender Kernmasse rasch gegen 1 konvergiert.

15 Die Tatsache, dass die Aussagen der Quantenphysik für große Quantenzahlen in die ihnen entsprechenden (korrespondierenden) Aussagen der klassischen Physik übergehen, wird als **Bohr'sches Korrespondenzprinzip** bezeichnet.

16 Die **Vorzüge** des **Bohr'schen Atommodells** sind:

a) Es trägt als erstes Modell der Tatsache Rechnung, dass die klassische Physik nicht in der Lage ist, das Verhalten von Atomen richtig zu beschreiben.

b) Es erklärt alle Emissions- und Absorptionsvorgänge richtig als Energieänderungen des Valenzelektrons.

c) Die allgemeine Serienformel des Wasserstoffemissionsspektrums lässt sich damit theoretisch sehr genau herleiten (→ 9|5).

d) Ionisierungsenergie des Wasserstoffs und Rydbergkonstante lassen sich durch Naturkonstanten ausdrücken (→ 9|8 und 9|10).
e) Der Durchmesser des Wasserstoffatoms wird größenordnungsmäßig richtig bestimmt (→ 9|3).
f) Die Spektren wasserstoffähnlicher Atome und Ionen lassen sich damit relativ genau berechnen (→ 9|12).
g) Das Moseley-Gesetz (→ 12|10) lässt sich damit theoretisch herleiten.

Die **wesentlichen Mängel** des **Bohr'schen Atommodells** sind:
a) Die Bohr'schen Postulate sind im Rahmen der klassischen Physik unverständlich und erscheinen willkürlich.
b) Der klassische Begriff „Bahn" setzt eine genaue Kenntnis des Ortes (also $\Delta x = 0$) und eine genaue Kenntnis des Impulses (also $\Delta p_x = 0$) zur gleichen Zeit voraus. Dies widerspricht der Heisenberg'schen Unschärferelation (→ 6|1).
c) Die Bohr'sche Theorie führt zu Widersprüchen, wenn man sie auf Mehrelektronensysteme anwendet.
d) Die Gestalt des Wasserstoffatoms ist im Bohr'schen Modell eine Scheibe, keine Kugel.
e) Das Bohr'sche Modell kann keine Aussagen über die Intensität oder die Polarisation der vom Wasserstoffatom emittierten Strahlung machen.
f) Das Bohr'sche Modell liefert die magnetischen Eigenschaften der Atome nicht richtig.

10 Ausblick auf das quantenmechanische Atommodell

Nach dem Scheitern des Bohr'schen Atommodells stellten Erwin Schrödinger und Werner Heisenberg 1926 die Beschreibung der Vorgänge im Atom auf eine völlig neue Basis, die aber mit den Mitteln der Schulmathematik nicht darzustellen ist. Die physikalischen Inhalte der Schrödinger'schen Methode lassen sich aber am Modell des Reflexionsoszillators veranschaulichen.

1 Das Modell des linearen eindimensionalen Potenzialtopfs

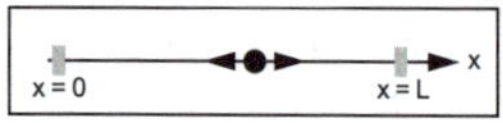

Wenn sich ein Teilchen nur **längs einer Geraden** innerhalb des Intervalls [0; L] zwischen zwei Umkehrpunkten bei x = 0 und x = L **kräftefrei** bewegt und in den Umkehrpunkten mit einer unendlich großen Masse zentral und **vollelastisch stößt**, ist seine potenzielle Energie zwischen den Umkehrpunkten konstant (üblicherweise setzt man $E_{pot} = 0$) und nimmt an den Umkehrpunkten sprunghaft unendlich große Werte an.

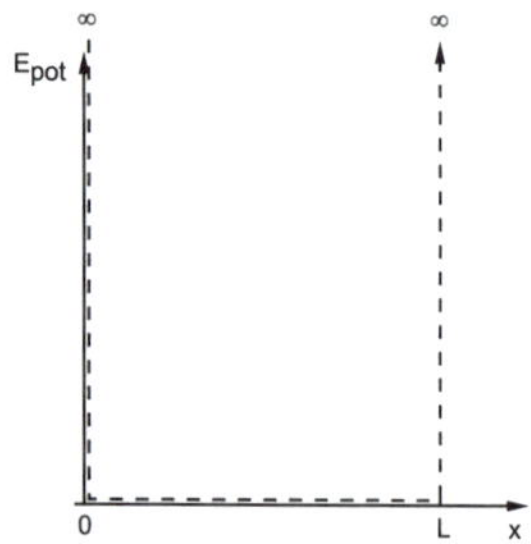

Das Teilchen befindet sich in einem **Potenzialtopf** der Breite L mit unendlich hohen Wänden.

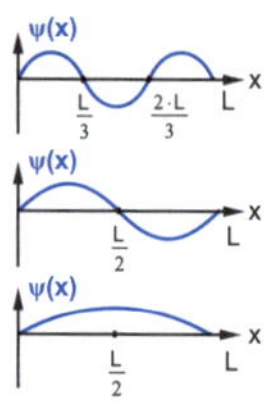

Die dem Teilchen zugeordnete Materiewelle kann zwischen den Wänden dauerhaft nur als stehende Welle mit Knoten an den Umkehrpunkten existieren. Andernfalls würde sie sich durch Interferenz selbst auslöschen. Ihre Wellenlänge nimmt dann nur diskrete Werte an:

$$n \cdot \frac{\lambda_n}{2} = L \Rightarrow \lambda_n = \frac{2 \cdot L}{n} \quad \text{mit } n \in \mathbb{N}.$$

Dann nimmt auch der Impuls des Teilchens nur diskrete Werte an:

$$p_n = \frac{h}{\lambda_n} = \frac{h}{2 \cdot L} \cdot n \quad \text{mit } n \in \mathbb{N}.$$

Dann nimmt auch die kinetische Energie des Teilchens nur diskrete Werte an:

$$E_{kin,n} = \frac{p_n^2}{2 \cdot m} = \frac{h^2}{8 \cdot m \cdot L^2} \cdot n^2 \quad \text{mit } n \in \mathbb{N}.$$

Die kinetische Energie und wegen $E_{pot} = 0$ damit die **Gesamtenergie des Teilchens** kann **wegen der Quantelung der Materiewellenlänge nur diskrete Werte** annehmen.

Energieniveauschema, Wellenfunktion, Wahrscheinlichkeitsdichte im eindimensionalen Potenzialtopf 2

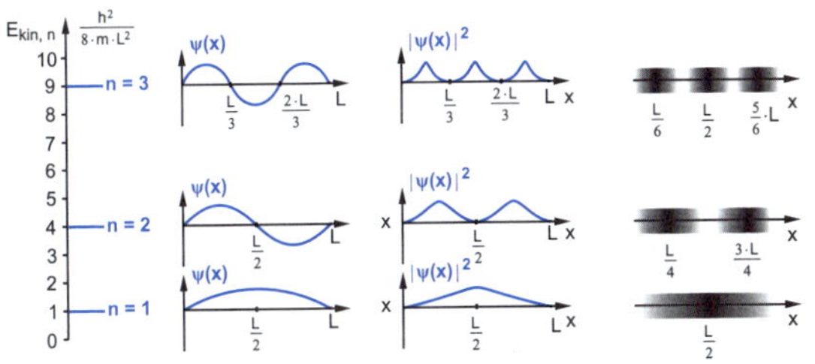

Energieniveaus	Wellenfunktion	Wahrscheinlichkeitsdichte $\lvert\psi(x)\rvert^2$: Die vom Graphen und der x-Achse eingeschlossenen Flächen haben jeweils den Betrag 1.	Veranschaulichung der Wahrscheinlichkeitsdichte: Je dichter die Punkte in einem Intervall $[x; x + \Delta x]$ liegen, desto größer ist die Wahrscheinlichkeit, das Teilchen in diesem Intervall „anzutreffen“.

Der dreidimensionale Potenzialwürfel 3

Im dreidimensionalen Potenzialwürfel der Kantenlänge L kann sich in jede Raumrichtung eine stehende Welle ausbilden. Analog zum linearen Potenzialtopf sind die Wellenlängen λ_x, λ_y, λ_z in x-, y-, z-Richtung gequantelt:

$$\lambda_x = \frac{2 \cdot L}{n_x}; \; \lambda_y = \frac{2 \cdot L}{n_y}; \; \lambda_z = \frac{2 \cdot L}{n_z}.$$

n_x, n_y, n_z sind dabei voneinander unabhängige natürliche Zahlen.
Für die Gesamtenergie $E_{kin,\, n_x,\, n_y,\, n_z}$ gilt

$$\begin{aligned} E_{kin,\, n_x,\, n_y,\, n_z} &= E_{kin,\, n_x} + E_{kin,\, n_y} + E_{kin,\, n_z} \\ &= \frac{h^2 \cdot n_x^2}{8 \cdot m \cdot L^2} + \frac{h^2 \cdot n_y^2}{8 \cdot m \cdot L^2} + \frac{h^2 \cdot n_z^2}{8 \cdot m \cdot L^2} \end{aligned}$$

und damit:

$$E_{kin, n_x, n_y, n_z} = \frac{h^2}{8 \cdot m \cdot L^2} \cdot (n_x^2 + n_y^2 + n_z^2).$$

4 Der dreidimensionale Potenzialwürfel als Modell für Atomhülle und Atomkern

Die Aufenthaltsbereiche eines Atomelektrons bzw. eines Nukleons im Atomkern werden durch das Coulombfeld des Atomkerns bzw. durch die Kernkräfte beschränkt. Da das Modell des dreidimensionalen Potenzialwürfels die Einschränkung des Aufenthaltsbereichs eines Teilchens bei starker Vereinfachung des Potenzialverlaufs beschreibt, trägt dieses Modell zum Verständnis diskreter Energieniveaus in der Hülle oder im Kern eines Atoms bei.
Auch die Größenordnung für **Energieumsetzungen** in der Elektronenhülle und im Atomkern können damit ermittelt werden.

Elektronenhülle

L = Atomdurchmesser $\approx 10^{-10}$ m

m = Ruhemasse des Elektrons = $= 9{,}1 \cdot 10^{-31}$ kg

$$E_{1,1,1} = \frac{h^2}{8 \cdot m \cdot L^2} \cdot (1^2 + 1^2 + 1^2) \approx 100 \text{ eV}$$

Atomkern

L = Kerndurchmesser $\approx 10^{-14}$ m

m = Ruhemasse des Nukleons = $= 1{,}7 \cdot 10^{-27}$ kg

$$E_{1,1,1} = \frac{h^2}{8 \cdot m \cdot L^2} \cdot (1^2 + 1^2 + 1^2) \approx 10\,000\,000 \text{ eV}$$

5 Orbitalmodell

Ein an den Atomkern durch elektrostatische Kräfte gebundenes Elektron durchläuft quantenmechanisch gesehen keine Bahnen. Die ihm zugeordnete Materiewelle ist (wie beim Potenzialtopf) eine stehende Welle, deren Amplitudenquadrat einen räumlichen Bereich in der Atomhülle festlegt, ein so genanntes Orbital, in dem das Elektron mit positiver Wahrscheinlichkeitsdichte anzutreffen ist.
Im Potenzialtopf nimmt die kinetische Energie eines Teilchens mit der Knotenzahl der Wellenfunktion zu. Diese Aussage gilt sinngemäß auch für die dreidimensionalen Orbitale. Je mehr Knotenflächen ein Orbital aufweist, umso größer ist die Energie des Elektrons in dem durch das Orbital festgelegten stationären Zustand.

11 Schalenstruktur der Elektronenhülle

1869 stellten Mendelejew und Meyer das Periodensystem der chemischen Elemente auf. Rund 40 Jahre später führte das Bohr'sche Atommodell zu der Erkenntnis, dass dieses Ordnungsschema unmittelbar mit der schalenartigen Struktur der Atomhüllen zusammenhängt.

Quantenzahlen 1

Ähnlich wie man zur Berechnung der Energiezustände beim dreidimensionalen Potenzialwürfel (→ 10|3) die drei Quantenzahlen n_x, n_y, $n_z \in \mathbb{N}$ benötigt, sind zur quantenmechanischen Beschreibung der Elektronenzustände in einem Atom drei Quantenzahlen erforderlich, die streng hierarchisch geordnet sind:

- die Hauptquantenzahl $n = 1, 2, 3, \ldots$
- die Bahnquantenzahl $\ell = 0, 1, 2, \ldots, n-1$
- die magnetische Bahnquantenzahl $m = 0, \pm 1, \pm 2, \ldots, \pm \ell$

Eine 4. Quantenzahl, die Spinquantenzahl s, nimmt unabhängig von den drei anderen nur die Werte ±0,5 an und berücksichtigt, dass die Atomhülle von Elektronen und nicht von anderen Teilchen gebildet wird.

Das nur quantenmechanisch verständliche **Ausschließungsprinzip von Pauli** besagt, dass in der Natur nur solche Zustände des Atoms wirklich vorkommen, in denen je zwei Elektronen sich mindestens in einer der vier Quantenzahlen unterscheiden. 2

Demnach ist die Gesamtzahl der Elektronenzustände in einem Mehrelektronensystem bei gegebener Hauptquantenzahl n

$$2 \cdot \sum_{\ell=0}^{n-1} (2 \cdot \ell + 1) = 2 \cdot n^2.$$

Die Gesamtheit der Elektronen, die alle Zustände mit gleicher Hauptquantenzahl n besetzen, bildet eine **Elektronenschale**. Elektronenschalen werden mit der Nummer der Hauptquantenzahl oder bei K beginnend mit großen lateinischen Buchstaben K, L, M, … bezeichnet. Je niedriger die Schalennummer, desto kleiner ist die Energie der darin befindlichen Elektronen. 3

Schalennummer n	1	2	3	4	5	6	7
Elektronenhöchstzahl	2	8	18	32	50	72	98
Symbol für die Schale	K	L	M	N	O	P	Q

Untenstehende Skizze veranschaulicht die **Verteilung der Elektronen auf Schalen bei Atomen** mit den Kernladungszahlen Z = 1 bis Z = 18. Schwarze bzw. weiße Punkte symbolisieren dabei besetzte bzw. noch freie Plätze in der betreffenden Schale.

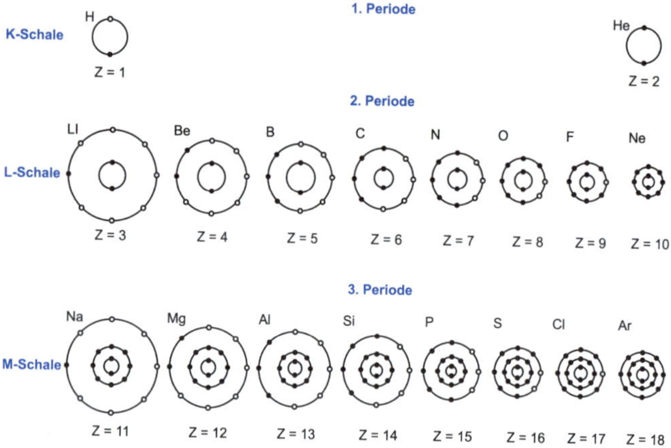

Diese Darstellungsweise darf nicht zu der Vorstellung verleiten, dass der Atomkern tatsächlich von den Elektronen umkreist wird.

Experimentelle Belege für die Schalenstruktur der Elektronenhülle

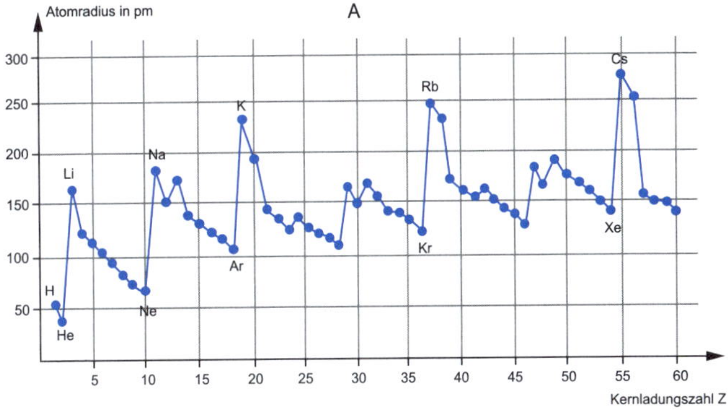

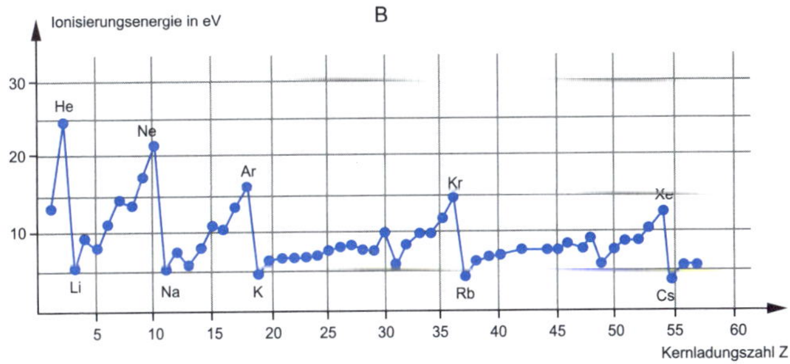

Neben dem Periodensystem der Elemente belegt auch der Zusammenhang zwischen der Kernladungszahl und dem Radius (siehe Abbildung A) bzw. der Ionisierungsenergie (siehe Abbildung B) des zugehörigen Atoms die Schalenstruktur der Elektronenhülle. Mit wachsender Kernladungszahl müsste nämlich der Atomradius ab- und die Ionisierungsenergie zunehmen, da die Elektronen vom Kern stärker angezogen werden.

Der sprunghafte Anstieg des Atomradius bzw. das abrupte Absinken der Ionisierungsenergie von He auf Li, von Ne auf Na, von Ar auf K von Kr auf Rb und von Xe auf Cs deuten darauf hin, dass hier jeweils mit der Neubesetzung einer höheren Schale begonnen wird.

12 Röntgenstrahlung

Über die physikalische Natur der Röntgenstrahlen bestand lange Zeit Unklarheit, die erst durch den Einsatz von Kristallen als Beugungsgittern beseitigt werden konnte. In der physikalischen Grundlagenforschung brachte die Röntgenspektroskopie wesentliche Erkenntnisse über den Aufbau der inneren Elektronenschalen.

1 **Röntgenstrahlung** ist eine **kurzwellige elektromagnetische Wellenstrahlung**, deren untere und obere Grenzen nicht genau angegeben werden können. Nach unten, nach kleinen Quantenenergien hin, schließt sie an das Ultraviolett an.
Faustregel: Die Energie der **energieärmsten Röntgenphotonen** beträgt etwa **100 eV**, ihre **Wellenlänge** etwa **12 nm**.

2 **Aufbau und Funktionsweise einer Röntgenröhre**

In einem evakuierten Hartglaszylinder steht einer Glühkathode K eine massive Anode A, die Antikathode, gegenüber. Die glühelektrisch bei K freigesetzten Elektronen werden durch die Hochspannung U_B (je nach Art der Röhre von 10 kV bis über 1 MV) beschleunigt. Röntgenstrahlung entsteht beim Aufprall der Elektronen auf die Anode. Da nur ca. 1 ‰ bis 1 % der kinetischen Energie der Glühelektronen in Röntgenstrahlung, der Rest aber durch strahlungslose Prozesse in Wärme verwandelt wird, heizt sich die Anode auf und muss gekühlt werden.

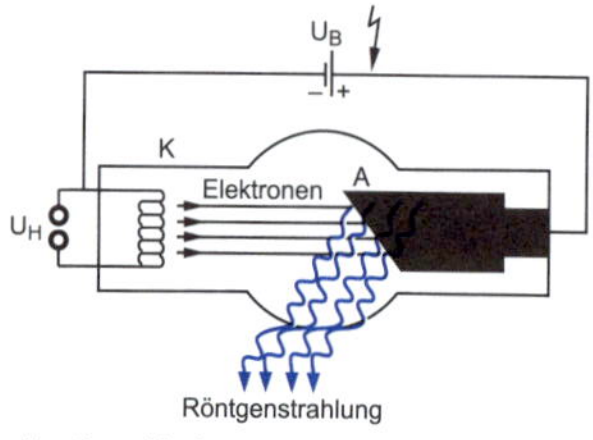

3 Die komplizierte Analyse der Wechselwirkung von Röntgenstrahlung an Einkristallen lässt sich mit dem **Bragg'schen Modell** umgehen, das den Kristall als System von Netzebenen sieht. Das sind fiktive Ebenen, die gleichmäßig mit Kristallpartikeln besetzt sind. Alle zueinander parallelen, äquidistanten Netzebenen eines Kristalls, die in gleicher Weise mit Kristallpartikeln besetzt sind, bilden eine Netzebenenschar.

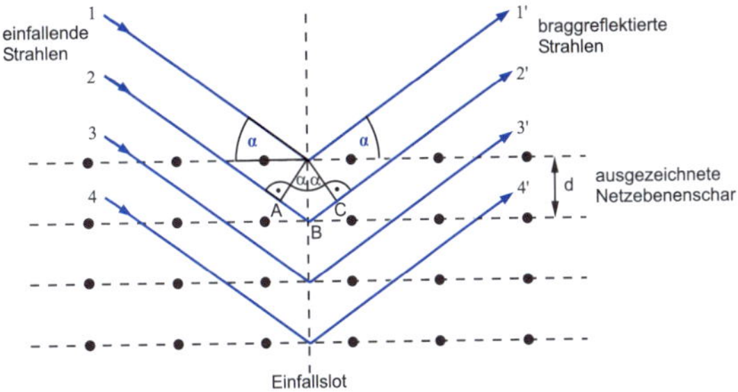

Jede Netzebene reflektiert die einfallenden Röntgenstrahlen wie ein Spiegel. Die von allen Netzebenen einer Netzebenenschar reflektierten Strahlen interferieren im Unendlichen nur dann konstruktiv, wenn der Gangunterschied Δs zwischen zwei an benachbarten Netzebenen reflektierten Strahlen ein ganzzahliges Vielfaches der Wellenlänge ist:

$$\Delta s = k \cdot \lambda, \quad k \in \mathbb{Z}. \qquad (1)$$

Aus der Skizze ergibt sich

$$\left.\begin{array}{l} \Delta s = \overline{AB} + \overline{BC} = 2 \cdot \overline{AB} \\ \sin\alpha = \dfrac{\overline{AB}}{d} \end{array}\right\} \Rightarrow \Delta s = 2 \cdot d \cdot \sin\alpha \qquad (2)$$

Aus (1) und (2) folgt die Bedingung für konstruktive Interferenz, die so genannte **Bragg-Bedingung:**

$$2 \cdot d \cdot \sin\alpha_k = k \cdot \lambda.$$

Ein Winkel, der die Bragg-Bedingung erfüllt, heißt **Glanzwinkel**.

Trifft ein feiner polychromatischer Röntgenstrahl auf einen Einkristall K, so gibt es für einige wenige Wellenlängen Netzebenen in K, die relativ zur Einfallsrichtung unter einem Glanzwinkel liegen und die Strahlung dieser Wellenlängen braggreflektieren.

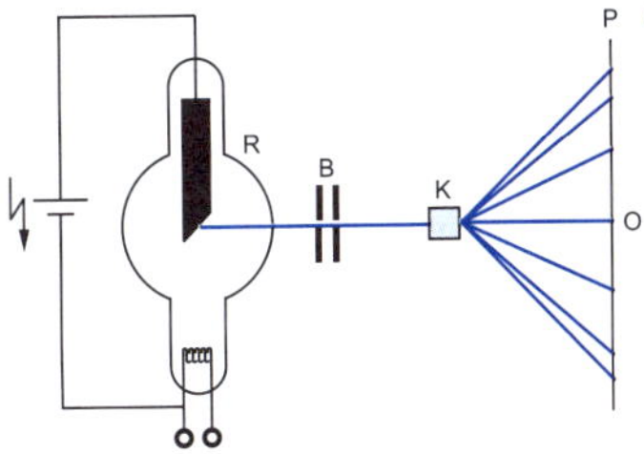

4

Auf einem hinter dem Kristall senkrecht zum ursprünglichen Strahl angeordneten Schirm entsteht ein **Laue-Diagramm** genanntes Interferenzmuster, das aus einzelnen, auf konzentrischen Kreisen liegenden Punkten unterschiedlicher Intensität besteht.

5 Zur **Aufnahme des Emissionsspektrums nach der Drehkristallmethode** lässt man die Strahlung einer Röntgenröhre in definierter Richtung auf einen drehbaren Einkristall fallen und bestimmt mit einem Zählrohr die Zählrate der unter dem Winkel ϑ in 1. Interferenzordnung braggreflektierten Strahlung.

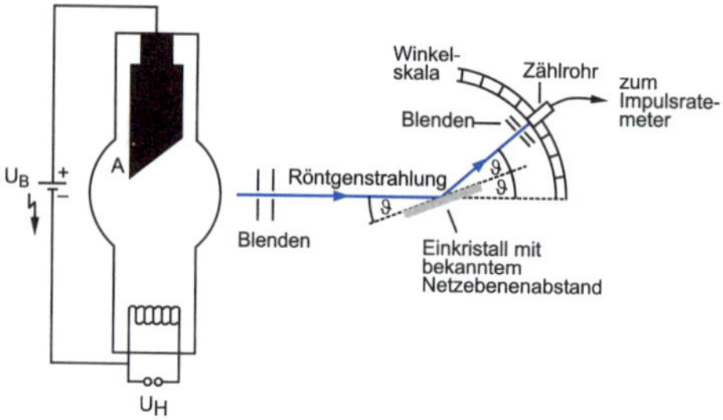

Mithilfe der Bragg-Beziehung (→ 12|3)

$$2 \cdot d \cdot \sin\vartheta = k \cdot \lambda,$$

des bekannten Netzebenenabstands d und des gemessenen Winkels ϑ berechnet man die Wellenlänge λ der ins Zählrohr gelangten Röntgenstrahlung.

Trägt man die Zählrate gegen λ an, so erhält man das **Röntgenemissionsspektrum** der Röhre. Es besteht im Allgemeinen aus einem **kontinuierlichen Spektrum** und dem **charakteristischen Linienspektrum**.

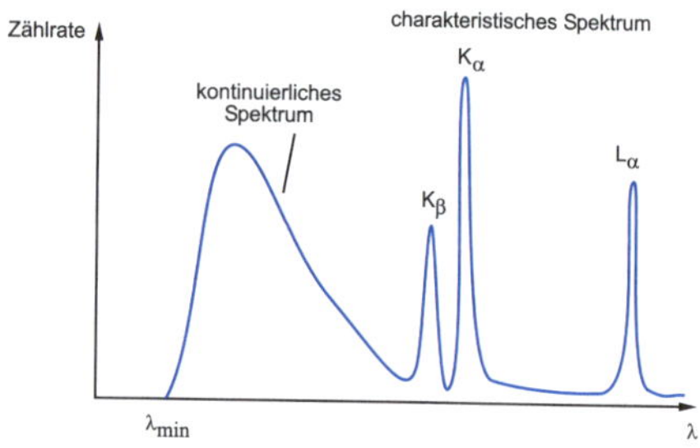

Beim **Debye-Scherrer-Verfahren** zur Messung der Wellenlänge trifft ein feiner, monochromatischer Röntgenstrahl auf ein polykristallines Pulver. Wegen der völlig regellosen Orientierung der winzigen Kristalle im Pulver liegen stets einige Mikrokristalle in Bezug auf die einfallende Strahlung unter einem Glanzwinkel. Die von ihnen braggreflektierten Strahlen laufen hinter dem Kristallpulver auf einem Kegelmantel mit dem Öffnungswinkel 4α aus. Da zu verschiedenen Interferenzordnungen bzw. zu unterschiedlichen Netzebenenabständen verschiedene Glanzwinkel gehören, entsteht auf einem zur ursprünglichen Strahlrichtung senkrecht angebrachten Beobachtungsschirm als Interferenzmuster ein System von konzentrischen Kreisringen. 6

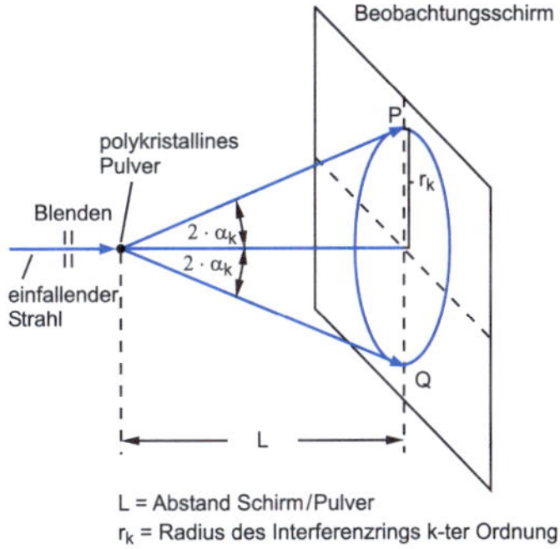

Geometrie der Versuchsanordnung:

$$\tan(2\cdot\alpha_k) = \frac{r_k}{L} \quad \overset{\text{Kleinwinkel-}}{\underset{\text{näherung}}{\Rightarrow}} \quad 2\cdot\alpha_k = \frac{r_k}{L}$$

Bragg-Bedingung:

$$2\cdot d\cdot\sin\alpha_k = k\cdot\lambda \quad \overset{\text{Kleinwinkel-}}{\underset{\text{näherung}}{\Rightarrow}} \quad 2\cdot d\cdot\alpha_k = k\cdot\lambda$$

$$\Rightarrow \frac{d\cdot r_k}{L} = k\cdot\lambda \Rightarrow \lambda = \frac{d\cdot r_k}{k\cdot L}$$

Das **kontinuierliche Spektrum** entsteht bei der Abbremsung der Elektronen in der Antikathode. Dabei wandelt sich der Verlust an kinetischer Energie der Elektronen in Röntgenquanten um. Da ein großer Teil der abgebremsten Elektronen seine Energie in mehreren, statistisch willkürlichen Bremsprozessen abgibt, ist das Röntgenbremsspektrum kontinuierlich. 7

Seine **kurzwellige Grenze λ_{min}** entsteht, wenn in einem einzigen Bremsprozess die gesamte kinetische Energie eines Elektrons in ein Röntgenquant umgewandelt wird. Dies stellt quasi eine Umkehrung des Fotoeffekts (→ 1|1) dar, bei dem die gesamte Energie eines einzigen Photons in kinetische Energie eines Elektrons umgewandelt wird. Bezeichnet U_B die Betriebsspannung der Röntgenröhre, so gilt:

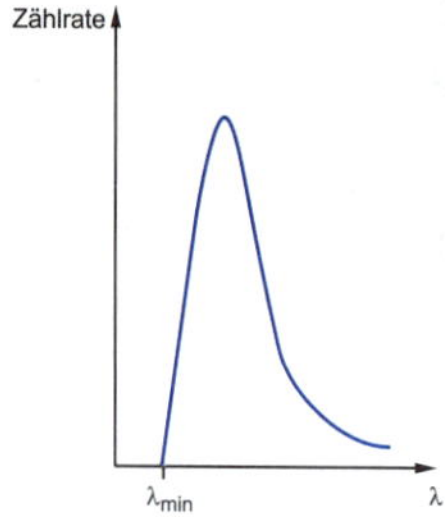

$$\frac{h \cdot c}{\lambda_{min}} = e \cdot U_B \;\Rightarrow\; \lambda_{min} = \frac{h \cdot c}{e \cdot U_B}$$

8 Die Beziehung $\lambda_{min} \cdot U_B = \frac{h \cdot c}{e}$ heißt **Verschiebungsgesetz von Duane-Hunt**.

9 Das **charakteristische Linienspektrum** lässt sich mithilfe der Schalenstruktur der Elektronenhülle deuten. Beschleunigte Glühelektronen schlagen aus inneren Schalen der Anodenatome Elektronen heraus oder heben sie auf höhere, noch unbesetzte Schalen. Die so in der inneren Schale des Anodenatoms entstandene Lücke wird durch ein Elektron aus einer höheren Schale des gleichen Atoms aufgefüllt und der Energieunterschied in Form eines Röntgenquants abgestrahlt.

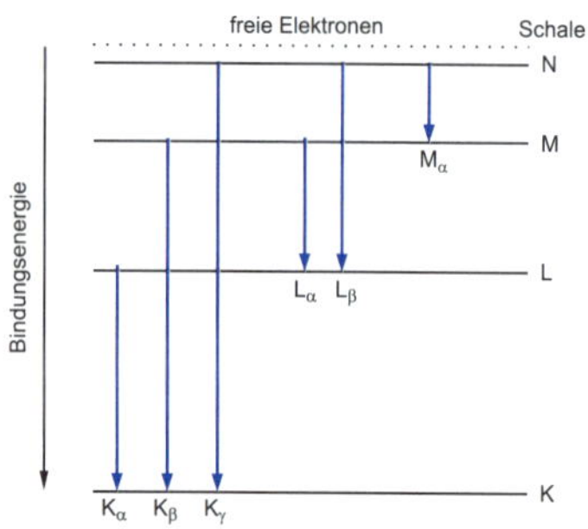

Zur K- bzw. L-Serie gehören alle Linien, die entstehen, wenn ein Elektron aus einer höheren Schale, z. B. L, M, N, … bzw. M, N, O, …-Schale, in eine Lücke der K-Schale bzw. L-Schale „springt".

Die $\left\{\begin{matrix} K_\alpha \\ K_\beta \\ L_\alpha \end{matrix}\right\}$-Linie entsteht, wenn ein Loch in der $\left\{\begin{matrix} K \\ K \\ L \end{matrix}\right\}$-Schale durch ein Elektron aus der $\left\{\begin{matrix} L \\ M \\ M \end{matrix}\right\}$-Schale aufgefüllt wird.

Das **Moseley-Gesetz** stellt einen Zusammenhang zwischen der Kernladungszahl eines Atoms und der Wellenlänge einer bestimmten Spektrallinienart seines Röntgenemissionsspektrums her. 10

In einem Mehrelektronenatom der Kernladungszahl Z „sieht" ein Elektron auf der m-Schale nur $(Z-\sigma)$-Protonen, da die Elektronen der tiefer liegenden Schalen σ Kernladungen abschirmen (→ 9|12). Vernachlässigt man die Wechselwirkung der Elektronen untereinander, so liefert die Bohr'sche Theorie für die Wellenlänge der beim Übergang des Elektrons von der m-ten auf die n-te Schale emittierten Strahlung:

$$\frac{1}{\lambda} = R \cdot (Z-\sigma)^2 \cdot \left(\frac{1}{n^2} - \frac{1}{m^2}\right)$$

$$n = 1, 2, 3, \ldots; \quad m = n+1, n+2, n+3, \ldots$$

σ hängt von n und m ab.

Aus Messungen weiß man, dass

$$\sigma_{2\to1} = 1; \quad \sigma_{3\to1} = 1{,}8; \quad \sigma_{3\to2} = 7{,}4,$$

und erhält damit das Moseley-Gesetz für die

K_α-Linie: $$\frac{1}{\lambda_{K_\alpha}} = R \cdot (Z-1)^2 \cdot \left(\frac{1}{1^2} - \frac{1}{2^2}\right) = \frac{3}{4} \cdot R \cdot (Z-1)^2$$

K_β-Linie: $$\frac{1}{\lambda_{K_\beta}} = R \cdot (Z-1{,}8)^2 \cdot \left(\frac{1}{1^2} - \frac{1}{3^2}\right) = \frac{8}{9} \cdot R \cdot (Z-1{,}8)^2$$

L_α-Linie: $$\frac{1}{\lambda_{L_\alpha}} = R \cdot (Z-7{,}4)^2 \cdot \left(\frac{1}{2^2} - \frac{1}{3^2}\right) = \frac{5}{36} \cdot R \cdot (Z-7{,}4)^2$$

Dem Moseley-Gesetz kommt eine große Bedeutung zu, weil man mit ihm rasch und relativ genau die Kernladungszahl bestimmen kann.

Röntgenabsorptionsspektrum 11

Zur Aufnahme eines Röntgenabsorptionsspektrums bestimmt man den Massenabsorptionskoeffizienten einer dünnen Metallfolie in Abhängigkeit von der Wellenlänge des Röntgenlichts, das die Folie durchstrahlt.

Man erhält ein durch Absorptionskanten gekennzeichnetes kontinuierliches Spektrum und kein mit den optischen Absorptionsspektren vergleichbares Linienspektrum.

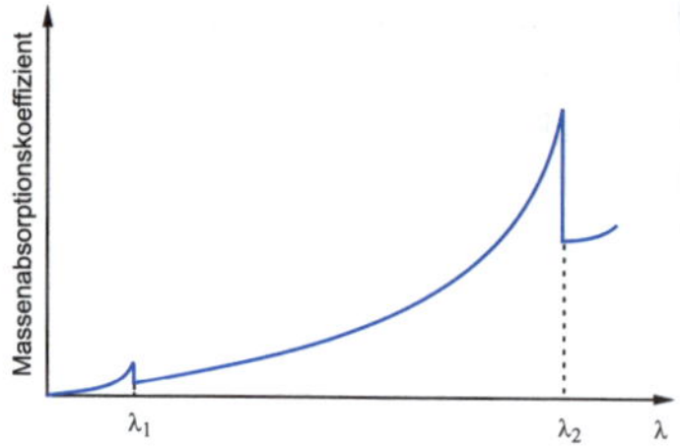

Die **Absorptionskanten** liegen bei den Wellenlängen λ_1 bzw. λ_2, bei denen die Energie der Röntgenphotonen gerade ausreicht, um ein Elektron aus einer inneren Schale in den freien Zustand zu überführen. Aber auch Röntgenphotonen mit größerer Energie, d. h. kürzerer Wellenlänge, werden absorbiert, weil sie den Energieüberschuss in Form von kinetischer Energie auf die herausgeschlagenen Elektronen übertragen.

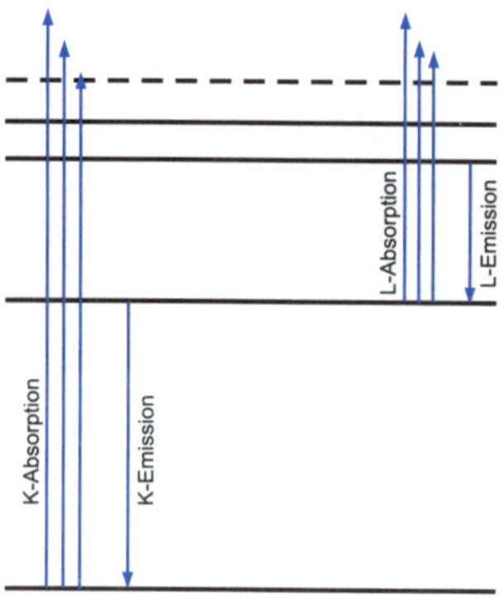

Im Absorptionsspektrum sind somit nicht nur diskrete Wellenlängen, sondern ein kontinuierlicher Bereich von Wellenlängen vertreten. Die K-, L-, … Absorptionskanten fallen auch nicht mit der K_α-, L_α-, … Linie des Emissionsspektrums zusammen, sondern liegen im kurzwelligeren Bereich, da die Emissionslinien durch Übergänge zwischen zwei Schalen und nicht durch Übergänge vom Kontinuum auf eine Schale entstehen.

12 Bei der Absorption eines Röntgenphotons wird ein Elektron aus einer inneren Schale herausgeschlagen. An seine Stelle springt ein Elektron aus einer höheren Schale. Unter dem **Augereffekt** versteht man den Vorgang, bei dem das dabei entstehende Röntgenquant nicht emittiert wird, sondern die Abtrennung eines zweiten Elektrons aus einer anderen, höheren Schale des gleichen Atoms bewirkt.

Grundlagen der Kernphysik

13 Zusammensetzung der Atomkerne

Etwa 20 Jahre nach der Entdeckung des Atomkerns bei den Rutherford'schen Streuversuchen gelangt Chadwick 1932 der Nachweis von Neutronen. Im gleichen Jahr stellten Heisenberg, Tamm und Iwanenko eine Theorie des Atomkerns auf und die Erforschung der starken Wechselwirkung setzte ein.

Atomkerne setzen sich aus Protonen und Neutronen zusammen. 1

a) Das Proton trägt eine positive Elementarladung e und besitzt die Ruhemasse $m_{0,p} = 1{,}67262 \cdot 10^{-27}$ kg,

b) das Neutron ist elektrisch neutral, seine Ruhemasse $m_{0,n} = 1{,}67493 \cdot 10^{-27}$ kg ist geringfügig größer als $m_{0,p}$.

Proton und Neutron werden als zwei verschiedene Ladungszustände ein und desselben Teilchens, des Nukleons, betrachtet.

Die Anzahl der Protonen eines Kerns wird mit Z bezeichnet und 2
Kernladungszahl genannt. Z stimmt mit der Ordnungszahl des entsprechenden chemischen Elements im Periodensystem der Elemente überein. Im Jahr 2003 sind Kerne von $Z = 1$ (Wasserstoff) bis $Z = 112$ (Ununbium) bekannt.

Als **Massenzahl A** bezeichnet man die Gesamtzahl der Nukleonen 3
eines Kerns. A ist also gleich der Summe aus Protonenzahl Z und Neutronenzahl N: $A = Z + N$.

Unter einem **Nuklid** versteht man die durch die Protonenzahl Z und 4
die Neutronenzahl N eindeutig festgelegte Atomart. Man schreibt dafür kurz ${}^{A}_{Z}X$, wobei X das chemische Symbol des betreffenden Elements ist.

5

$$\text{Nuklide mit gleicher} \left\{ \begin{array}{l} \text{Kernladungszahl Z} \\ \text{Nukleonenzahl A} \\ \text{Neutronenzahl N} \end{array} \right\} \textbf{ heißen } \left\{ \begin{array}{l} \textbf{Isotope} \\ \textbf{Isobare} \\ \textbf{Isotone} \end{array} \right\}.$$

6

$$\left. \begin{array}{l} \text{gg-} \\ \text{gu-} \\ \text{ug-} \\ \text{uu-} \end{array} \right\} \text{ Kerne sind Kerne mit } \left\{ \begin{array}{lll} \text{geradem Z} & \text{und geradem} & \text{N} \\ \text{geradem Z} & \text{und ungeradem} & \text{N} \\ \text{ungeradem Z} & \text{und geradem} & \text{N} \\ \text{ungeradem Z} & \text{und ungeradem} & \text{N} \end{array} \right\}.$$

7 Atomkerne mit gleichem Z, N, A aber unterschiedlicher Energie heißen **Isomere**.

8 Die Kraft, welche die Nukleonen eines Kerns gegen die abstoßenden Coulombkräfte zusammenhält und **nur zwischen Nukleonen**, aber nicht zwischen Nukleon und Elektron wirkt, bezeichnet man als **Kernkraft** oder **starke Wechselwirkung**.

Kernkräfte sind

a) **anziehend**, da es andernfalls wegen der Coulombabstoßung zwischen den Protonen keinen stabilen Kern gäbe.
b) **ladungsunabhängig**, da die Kernkräfte zwischen zwei Protonen, zwischen zwei Neutronen oder zwischen einem Proton und einem Neutron gleich groß sind.
c) mit einer Reichweite kleiner als ca. $1{,}5 \cdot 10^{-15}$ m sehr **kurzreichweitig**.
d) **stark**, da zwischen benachbarten Protonen im Kern die Kernkraft ca. 100-mal stärker als die abstoßende Coulomb- und ca. 10^{38}-mal stärker als die anziehende Gravitationskraft ist.

Kernkräfte besitzen

a) **Sättigungscharakter**, weil ein Nukleon nicht mit allen, sondern nur mit der begrenzten Zahl der ihm unmittelbar benachbarten Nukleonen des Kerns wechselwirkt.
b) **keinen zentralen Charakter**, weil es kein Zentrum gibt, durch das die Wirkungslinie der Kernkraft verläuft.

In einer **Nuklidkarte** sind alle bekannten Kerne durch einen Punkt 9
in einem kartesischen Koordinatensystem dargestellt, dessen Abszisse die Neutronenzahl N und dessen Ordinate die Kernladungszahl Z angibt. Untenstehender Nuklidkarte, in der stabile Kerne schwarz, instabile grau gekennzeichnet sind, entnimmt man, dass es

a) wesentlich mehr instabile als stabile Kerne gibt,
b) Isotope auf waagrechten,
c) Isotone auf senkrechten Geraden,
d) Isobare auf Geraden mit der Steigung –1 liegen.

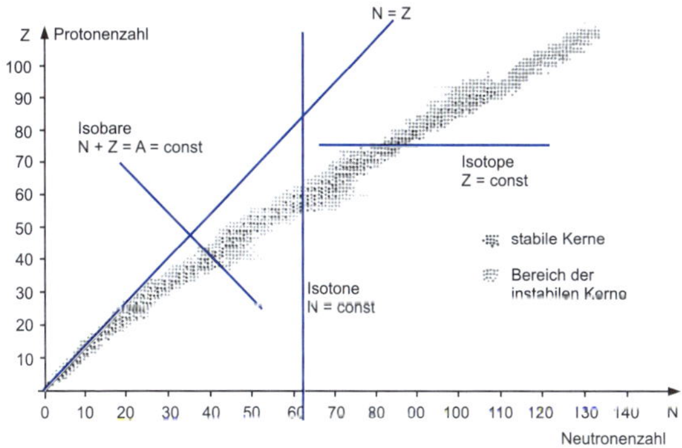

Der Bereich, wo in der Nuklidkarte die stabilen Kerne liegen, wird 10
als **Stabilitätslinie** bezeichnet.
Ihr Verlauf zeigt an, dass bei leichten Kernen Neutronen- und Protonenzahl gleich sind, bei schwereren aber die Neutronenzahl überwiegt. Das liegt daran, dass jedes Proton im Kern von allen anderen Protonen abgestoßen, aber nur von den nächstgelegenen Nukleonen über die Kernkräfte angezogen wird. Bei großen Kernen mit vielen Protonen droht so die Abstoßung die Überhand zu gewinnen.
Durch den verstärkten Einbau von Neutronen lässt sich der Abstand zwischen den Protonen vergrößern und die elektrostatische Abstoßung verringern.

14 Elementare Kerndaten

1 Kernradius

Die meisten Atomkerne haben Kugelgestalt. Die Grenzen dieser Kugeln sind jedoch nicht scharf umrissen, weshalb die Verwendung des Begriffs „Kernradius“ nur sinnvoll ist, wenn man das Wie der Grenzfestlegung angibt.

Kernradien lassen sich z. B. in Streuexperimenten messen. Beim Rutherford'schen Streuversuch (→ 7|6) wird der Kernradius als der Abstand vom Kernmittelpunkt definiert, in dem das Coulomb'sche Abstoßungsgesetz merklich versagt (→ 7|9), beim Hofstadter'schen Streuversuch (→ 14|5) gibt der Kernradius den größten Abstand vom Kernmittelpunkt an, in dem noch Ladung vorhanden ist.

Die Messdaten beider Experimente zeigen, dass für den Radius r_K eines Kerns der Massenzahl A (→ 13|3) in guter Näherung gilt:

$$r = r_0 \cdot \sqrt[3]{A}, \quad \text{wobei } r_0 = 1{,}42 \cdot 10^{-15}\,\text{m}.$$

2 Das **Kernvolumen** V_K ist proportional zur Massenzahl A, da

$$V_K = \frac{4}{3} \cdot \pi \cdot r_K^3 = \frac{4}{3} \cdot \pi \cdot (r_0 \cdot \sqrt[3]{A})^3 = \frac{4}{3} \cdot \pi \cdot {r_0}^3 \cdot A = \text{konst} \cdot A.$$

3 Die **Kerndichte** ρ_K hat unabhängig von der Massenzahl A für alle Kerne den **konstanten Wert** $\rho_K = 1{,}5 \cdot 10^{17}\ \text{kg} \cdot \text{m}^{-3}$, da gilt:

$$\rho_K = \frac{m}{V} = \frac{A \cdot m_N}{\frac{4}{3} \cdot {r_K}^3 \cdot \pi} = \frac{A \cdot m_N}{\frac{4}{3} \cdot {r_0}^3 \cdot A \cdot \pi} = \frac{3 \cdot m_N}{4 \cdot {r_0}^3 \cdot \pi}$$

$$= \frac{3 \cdot 1{,}67 \cdot 10^{-27}\ \text{kg}}{4 \cdot (1{,}4 \cdot 10^{-15}\ \text{m})^3 \cdot \pi} = 1{,}5 \cdot 10^{17}\ \frac{\text{kg}}{\text{m}^3}.$$

4 Die **Hofstadter'schen Streuversuche** ergeben für die **Ladungsverteilung im Kern**, dass

a) die Ladungsdichte im Kerninneren konstant ist und in der Randzone stetig auf null sinkt;

b) die Breite der Randzone mit der Massenzahl A zunimmt;

c) die Ladungsdichte im Zentrum mit der Massenzahl A abnimmt.

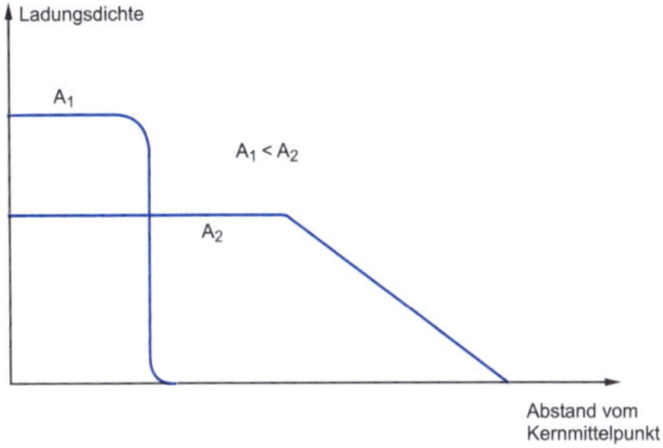

Bei den **Hofstadter'schen Streuexperimenten** werden monoenergetische Elektronen hoher Energien der Materiewellenlänge λ an Atomkernen vom Radius R gebeugt und dahinter zur Interferenz gebracht. Für die Winkel ϑ_k, unter denen konstruktive Interferenz k-ter Ordnung beobachtet werden kann, gilt: 5

$$\sin \vartheta_k = C_k \cdot \frac{\lambda}{R}.$$

C_k sind dabei von der Interferenzordnung k abhängige, mit der Schulmathematik nicht berechenbare reelle Zahlen: $C_1 = 0{,}819$, $C_2 = 1{,}346$, $C_3 = 1{,}850$. Die hochenergetischen Elektronen durchdringen die Atomhülle, ohne von den Hüllenelektronen merklich beeinflusst zu werden. Sie „spüren" als Leptonen (→ 31|4) im Gegensatz zu den α-Teilchen beim Rutherford'schen Streuexperiment die Kernkräfte nicht und wechselwirken nur über die Coulombkraft mit dem Atomkern. Die Analyse ihrer Streuung erlaubt daher Rückschlüsse auf die Ladungsverteilung im Kern.

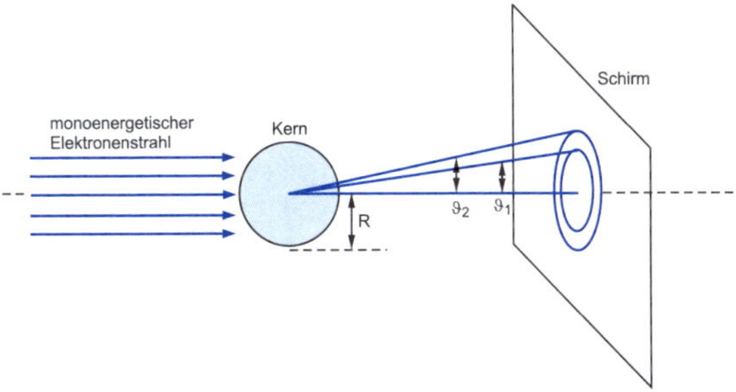

15 Massendefekt und Kernbindungsenergie

Aus der Masse eines Kerns lassen sich mithilfe der Einstein'schen Masse-Energie-Beziehung bedingt quantitative Aussagen darüber gewinnen, wie stark seine Nukleonen gebunden sind.

1 Zur Vermeidung unanschaulich kleiner Zahlen verwendet man die **atomare Masseneinheit u**. 1 u ist $\frac{1}{12}$ der Masse des Atoms des Kohlenstoffisotops C12,

$$1\,u = 1{,}660540 \cdot 10^{-27}\,kg.$$

2 Unter der **relativen Atommasse A_r** versteht man den Quotienten $\frac{\text{absolute Masse des Atoms}}{\text{atomare Masseneinheit}}$. Er ist bis auf das Isotop C12 nicht ganzzahlig. Im Periodensystem werden nur relative Atommassen von in der Natur vorkommenden Gemischen von Isotopen des betreffenden Elements angegeben, die für die Kernphysik im Allgemeinen unbrauchbar sind.

3 **Energieäquivalent**

Wegen $E = m \cdot c^2$ entspricht der Masse 1 u die Energie

$$E_u = 1\,u \cdot c^2 = 1{,}660540 \cdot 10^{-27}\,kg \cdot \left(2{,}99792458 \cdot 10^8\,\frac{m}{s}\right)^2$$
$$= 1{,}4924 \cdot 10^{-10}\,J = 931{,}49\,MeV.$$

4 **Atommasse, Kernmasse, Nuklidmasse**

a) Die Masse m_A eines neutralen Atoms wird als **Atommasse** bezeichnet. Sie lässt sich relativ einfach mit hoher Präzision bestimmen, indem man mit einem Massenspektrometer die Masse einfach positiv geladener Ionen des betreffenden Isotops misst, dazu die Ruhemasse eines Elektrons addiert und die durch c^2 dividierte Ionisierungsenergie des Isotops subtrahiert.

b) Unter der **Kernmasse** m_K versteht man die Masse eines von allen Hüllenelektronen befreiten, „nackten“ Atomkerns. Bezeichnet E_B die gesamte Bindungsenergie der Elektronenhülle, so gilt:

$$m_K = m_A - Z \cdot m_e + \frac{E_B}{c^2}.$$

Da „nackte“ Atomkerne in der Natur nicht vorkommen, wäre die direkte experimentelle Bestimmung der Kernmasse mit einem unverhältnismäßig hohen technischen Aufwand verbunden.

c) Zieht man von der Masse m_A eines neutralen Atoms die Masse all seiner Elektronen ab, so erhält man die **Nuklidmasse** m_N:

$$m_N = m_A - Z \cdot m_e.$$

Nur für leichte Kerne kann man in guter Näherung statt der Kernmasse die einfach zu berechnende Nuklidmasse verwenden.

5 Die Masse eines Atomkerns ist stets kleiner als die Summe der Massen seiner Nukleonen. Die entsprechende Massendifferenz Δm heißt **Massendefekt**. Bezeichnen m_p, m_n und m_K die Massen eines Protons, eines Neutrons und eines Kerns $^{Z}_{A}X$, so gilt:

$$\Delta m = Z \cdot m_p + (A - Z) \cdot m_n - m_K.$$

6 Der dem Massendefekt äquivalente Energiebetrag $\Delta m \cdot c^2$ wird beim Zusammenbau eines Kerns aus seinen einzelnen Nukleonen frei und heißt **Bindungsenergie** B des Kerns:

$$B = \Delta m \cdot c^2 = [Z \cdot m_p + (A - Z) \cdot m_n - m_K] \cdot c^2.$$

B stimmt mit dem Energiebetrag überein, der einem Kern zugeführt werden muss, damit er in seine Nukleonen zerlegt werden kann.

7 Als **spezifische Kernbindungsenergie** oder **mittlere Bindungsenergie pro Nukleon** bezeichnet man den Quotienten $\frac{B}{A}$ aus der Bindungsenergie und der Massenzahl. Die Energie eines einzelnen Nukleons nimmt beim Einbau in den Kern im Mittel um $\frac{B}{A}$ ab. Die mittlere Bindungsenergie pro Nukleon ist also ein Maß dafür, wie stark ein Nukleon im Mittel im Kern gebunden ist.

8 Stellt man die **mittlere Bindungsenergie pro Nukleon** für alle chemischen Elemente **als Funktion der Massenzahl A** graphisch dar, so erhält man nachfolgendes Diagramm.

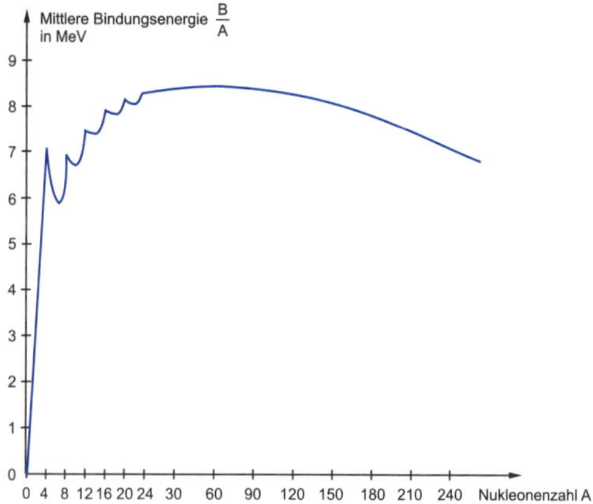

a) Mit wachsender Nukleonenzahl nimmt die durch die Kernkräfte bedingte Anziehung zwischen den Nukleonen und damit die mittlere Bindungsenergie pro Nukleon etwa bis zur Nukleonenzahl $A = 60$ zu. Da die Kernkräfte nur eine kurze Reichweite haben und Sättigungscharakter besitzen, gewinnt von da ab mit zunehmender Protonenzahl die abstoßende Coulombkraft die Überhand und die mittlere Bindungsenergie pro Nukleon nimmt wieder ab. Mittelschwere Kerne sind am stärksten gebunden, leichte und schwere Kerne weniger stark. Lässt man Kerne mit Massenzahlen kleiner als 12 außer Acht, so beträgt der Unterschied etwa 1 MeV je Nukleon.

b) Da die Nukleonen eines Kerns ähnlich wie die Elektronen im Atom in Schalen angeordnet sind und bei Z oder $(A-Z) = 2$, 8, 20, 28, 50, 82, … Kernschalen vollständig aufgefüllt sind, besitzt die mittlere Bindungsenergie pro Nukleon an diesen Stellen lokale Maxima.

c) Bei der Spaltung eines schweren Kerns in zwei leichtere Kerne oder der Verschmelzung zweier leichter Kerne zu einem schwereren Kern nimmt die Bindungsenergie pro Nukleon zu – Energie wird frei.

Die mittlere Bindungsenergie pro Nukleon kann aus der **halbempiri-** 9
schen Formel von v. Weizsäcker berechnet werden:

$$\frac{B}{A} = \alpha - \beta \cdot A^{-\frac{1}{3}} - \gamma \cdot Z^2 \cdot A^{-\frac{4}{3}} - \delta \cdot \left(\frac{N-Z}{A}\right)^2 + \frac{\varepsilon}{A^2},$$

wobei

$$\alpha = 14{,}0 \text{ MeV},$$
$$\beta = 13{,}1 \text{ MeV},$$
$$\lambda = 0{,}6 \text{ MeV},$$
$$\delta = 19{,}3 \text{ MeV},$$
$$\varepsilon = \begin{cases} +130 \text{ MeV} & \text{für gg-Kerne,} \\ 0 \text{ MeV} & \text{für ug- und gu-Kerne,} \\ -130 \text{ MeV} & \text{für uu-Kerne.} \end{cases}$$

Diese Zahlenwerte können nicht aus einer Theorie hergeleitet werden, sondern müssen aus den gemessenen Bindungsenergien aller stabilen Kernen ermittelt werden.

16 Kernmodelle

Ein Kernmodell stellt unter vereinfachenden physikalischen oder mathematischen Annahmen den Bau der Atomkerne anschaulich dar.

Atomkerne und **Tröpfchen** einer Flüssigkeit weisen folgende Ähn- 1
lichkeit auf:

a) Beide haben unabhängig von ihrer Größe stets die gleiche Dichte.
b) Atomkerne werden durch Kernkräfte zusammengehalten, die nur auf benachbarte Nukleonen wirken, Flüssigkeitstropfen durch Kohäsionskräfte, die nur unter benachbarten Molekülen wirken.

Beim **Tröpfchenmodell** des Atomkerns überträgt man Erkenntnisse 2
über die Energieverhältnisse in einem Flüssigkeitstropfen auf den Atomkern und kann damit die numerischen Werte der Koeffizienten α, β, γ der Weizsäcker'schen Formel für die spezifische Kernbindungsenergie (→ 15|9) theoretisch berechnen.

3 Leistungsfähigkeit des Tröpfchenmodells

Das Tröpfchenmodell trägt über die Weizsäcker'sche Formel zum Verständnis der energetischen Prozesse bei Kernspaltung und Kernfusion bei, ist aber nicht in der Lage

a) Kernumwandlungen,
b) die Trennung von Kernteilchen vom Kern,
c) den Ursprung der Elektronen bei der ß-Strahlung,
d) die diskreten Energien von α- und γ-Teilchen

zu erklären.

4 Potenzialtopfmodell

Der Potenzialtopf (→ 10|1–4) ist ein Modell zur Beschreibung der potenziellen Energie der Nukleonen. Im Inneren des Kerns ist ein Nukleon gebunden und besitzt eine negative potenzielle Energie, außerhalb des Kerns wird die potenzielle Energie eines Protons durch das Coulombpotenzial wiedergegeben, die eines Neutrons ist null. Im Kerninneren nehmen Nukleonen als Mikroteilchen nur diskrete Energien an. Jedes zugehörige Energieniveau kann nach dem Pauliprinzip (→ 11|2) mit maximal zwei Nukleonen besetzt werden. Wegen des unterschiedlichen Ladungszustandes wird jeder Nukleonenart ein eigener Potenzialtopf zugeordnet. Der Boden des Neutronentopfs liegt um einen gewissen Energiebetrag E_C tiefer als der des Protonentopfs, da Protonen wegen der gegenseitigen Abstoßung weniger fest gebunden sind als Neutronen. Beide Töpfe sind bei einem stabilen Kern etwa gleich hoch mit Nukleonen gefüllt.

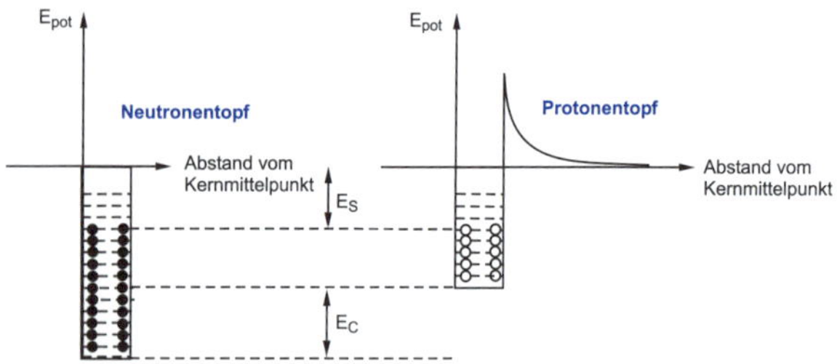

Der Energieunterschied E_S zwischen dem obersten besetzten Energieniveau und dem Topfrand heißt **Separationsenergie** und ist die Mindestenergie, die einem Kern zur Abtrennung eines Nukleons zugeführt werden muss.
Mithilfe des Potenzialtopfmodells lassen sich die diskreten Energiezustände eines Kerns und die diskreten Energien von α- und γ-Teilchen erklären sowie β^-- bzw. β^+-Zerfall veranschaulichen.

17 Detektoren für radioaktive Strahlung

Als **Radioaktivität** bezeichnet man die unter Emission bestimmter Teilchen spontan, ohne irgendwelche äußeren Einflüsse erfolgende Umwandlung instabiler Kerne. Aber auch die spontane Umwandlung von Elementarteilchen (z. B. Zerfall freier Neutronen) fällt unter diesen Begriff. 1
Natürliche Radioaktivität ist die Radioaktivität instabiler, in der Natur vorkommender Isotope, **künstliche Radioaktivität** ist die Radioaktivität von Isotopen, die künstlich durch Kernreaktionen erzeugt worden sind.
In der natürlichen radioaktiven Strahlung kommen nur α-Teilchen (He4-Kerne), β^--Teilchen (Elektronen) und γ-Quanten (hochenergetische Photonen) vor. Künstlich radioaktive Kerne wandeln sich zusätzlich durch Emission von β^+-Teilchen (Positronen) oder durch Elektroneneinfang in stabile Kerne um.

Der **Nachweis** und die Messung **radioaktiver Strahlung** beruht darauf, dass sie 2
a) Atome in Gasen, Flüssigkeiten und Festkörpern ionisiert,
b) Fotoplatten schwärzt
c) und bei gewissen Substanzen Szintillationen (Lichtemissionen) hervorruft.

Eine **Ionisationskammer** dient zum Nachweis stark ionisierender, sehr zahlreich vorhandener Teilchen. Sie besteht aus einem allseitig geschlossenen Metallzylinder (1. Elektrode), durch dessen Boden, isoliert gegen die Begrenzungsflächen, ein Metallstift S (2. Elektrode) ins Zylinderinnere ragt. 3

Die von einem festen Präparat P oder einem in den Hohlraum eingebrachten Gas ausgehende radioaktive Strahlung ionisiert die Luft im Zylinder. Die anliegende Spannung zieht die positiven Ionen zur Zylinderwand und die Elektronen zum Stift S. Die Stärke I des so entstehenden Ionisationsstroms wird nach Verstärkung durch den Messverstärker MV vom Drehspulinstrument angezeigt. Je größer U, desto mehr positive Ionen bzw. Elektronen werden vor ihrer Rekombination zu den entsprechenden Elektroden gezogen.

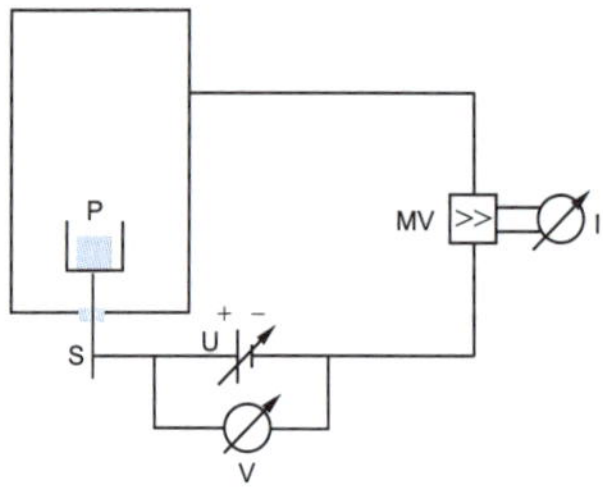

Daher steigt der Ionisationsstrom I mit wachsendem U an. Ab einer bestimmten Spannung U_S werden alle von der radioaktiven Strahlung im Zeitintervall Δt erzeugten Ionen- und Elektronenpaare im gleichen Zeitintervall zu den Elektroden gezogen, sodass ein weiterer Stromstärkeanstieg über die **Sättigungsstromstärke** I_S hinaus nicht mehr möglich ist.

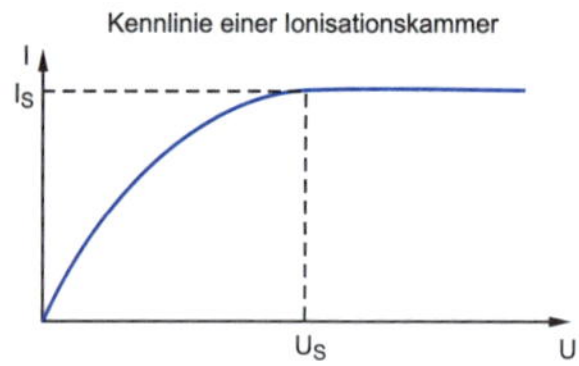

4 Der Nachweis einzelner ionisierender Teilchen gelingt unabhängig von ihrem Ionisierungsvermögen mit einem **Zählrohr**. Es besteht aus einem Metallzylinder, in dessen Achse ein feiner Metalldraht über ein Isolierstück eingeführt ist. Das Innere dieses Zylinderkondensators wird evakuiert und dann mit Edelgasen (nicht-selbstlöschendes Zählrohr) oder zusätzlich mit mehratomigen Dämpfen wie z. B. Alkohol (selbstlöschendes Zählrohr) gefüllt (→ 17|6). Oft befindet sich an einer Stelle ein Glimmerfenster, durch das auch α-Teilchen ins Zählrohrinnere gelangen können. Die einfallende ionisierende Strahlung erzeugt im Inneren positive Gasionen und Elektronen (Primärelektronen). Die Elektronen werden zum Zählrohrdraht, die Gasionen zur Zählrohrwand beschleunigt.

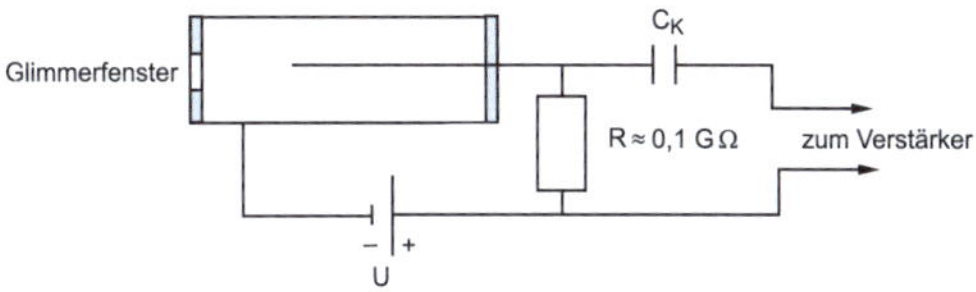

Arbeitet das **Zählrohr im Proportionalitätsbereich**, so ist die Beschleunigungsspannung so gewählt, dass die Primärelektronen auf ihrem Weg zum Zähldraht durch Stoßionisation eine größere Anzahl von Sekundärelektronen erzeugen, die ihrerseits nach entsprechender Beschleunigung durch Stoßionisation weitere Elektronen hervorrufen können usw. Es kommt zur Ausbildung von Elektronenlawinen. Erzeugt das ionisierende Teilchen auf seiner Bahn z Primärelektronen, so löst jedes dieser Elektronen eine Elektronenlawine von im Mittel N Elektronen aus. Jede Elektronenlawine läuft unabhängig von den anderen ab. Die Gesamtzahl Z der von einem einfallenden Teilchen insgesamt hervorgerufenen Elektronen bzw. Ionen ist dann $Z = N \cdot z$ und der dadurch am Widerstand R hervorgerufene Spannungsstoß proportional zu Z. Rückschlüsse auf das Ionisierungsvermögen des einfallenden Teilchens sind möglich. 5

Bei noch höheren Betriebsspannungen arbeitet das **Zählrohr im Auslösebereich**. Dann lösen die Elektronen beim Auftreffen auf den Zählrohrdraht zahlreiche Photonen aus (→ 12 | 2), die ihrerseits am Metall der Zählrohrwand über den Fotoeffekt (→ 1 | 1) Elektronen erzeugen. Diese Elektronen sind dafür verantwortlich, dass sich die Elektronenlawinen nicht mehr wie im Proportionalitätsbereich vom Entstehungsort der primären Ionisation in Richtung der Feldlinien zum Zähldraht hin bewegen, sondern eine seitliche Ausbreitung der Entladung über das gesamte Zählrohr erfolgt. Der an R auftretende Spannungsstoß ist dann von der Primärionisation unabhängig, jedes primär ionisierende Teilchen erzeugt einen gleich großen Spannungsstoß. 6

Die Zahl der Photonen lässt sich durch die in (→ 17|4) erwähnten mehratomigen Dämpfe begrenzen, welche die Photonen ohne Elektronenemission absorbieren können.

7 **Polung eines Zählrohrs**

Beim Zählrohr wird die Zählrohrwand mit dem Minus-, der Zählrohrdraht mit dem Pluspol der Spannungsquelle verbunden. Nur so gelangen die für die Stoßionisation hauptverantwortlichen, praktisch trägheitslosen Elektronen an jene Stellen des Zählrohrs mit hoher elektrischer Feldstärke.

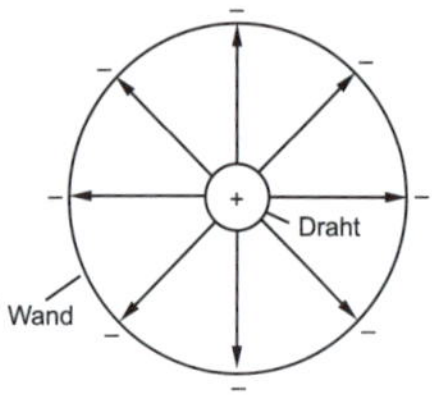

8 Der mit dem Zählrohr in Reihe geschaltete **ohmsche Widerstand** dient neben dem Spannungsabgriff auch zum Löschen der Ionenlawinen. Findet keine Entladung statt, so liegt die gesamte Spannung am Zählrohr. Läuft eine Entladung, so fließt durch R ein Strom I und die Spannung verteilt sich auf Zählrohr und Widerstand:

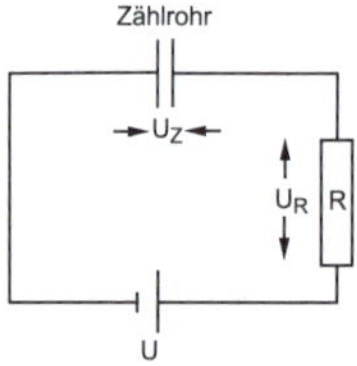

$$U = U_Z + U_R = U_Z + R \cdot I.$$

Bei geeigneter Wahl von R wird die am Zählrohr anliegende Spannung $U_Z = U - R \cdot I$ ab einer gewissen Stromstärke so klein, dass die Ionenlawinen abreißen.

9 Der **Koppelkondensator** C_K dient im Wesentlichen der Subtraktion der Betriebsspannung U von der Signalspannung U_R.

10 Da die Elektronenlawinen sich nur in der Nähe des Zählrohrdrahtes ausbilden, wird dieser nach kurzer Zeit von einem Schlauch positiver Ionen eingehüllt. Die trägheitslosen Elektronen sind nämlich schon am Draht, während sich die trägen positiven Gasionen noch nicht wesentlich in Richtung Zählrohrwand bewegt haben.

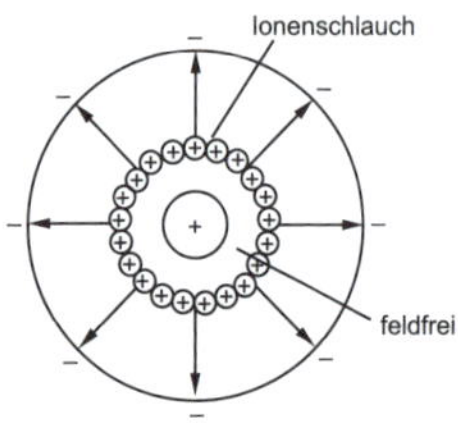

Im feldfreien Raum um den Draht kann sich keine Lawine ausbilden. Das Zählrohr ist während der so genannten **Totzeit τ** für neu einfallende ionisierende Strahlung unempfindlich. Die Zeit, die die Ionen benötigen, bis sie die Zählrohrwand erreichen, heißt **Erholungszeit**.

Die **wahre Zählrate** n_W wird aus der gemessenen Zählrate n mithilfe der bekannten Totzeit berechnet:

$$n_W = \frac{n}{1 - n \cdot \tau}.$$

Trägt man die Zahl der Impulse pro Zeiteinheit, die ein Präparat konstanter Aktivität in einem Zählrohr auslöst, gegen die Betriebsspannung an, so erhält man die **Charakteristik des Zählrohrs**. 11

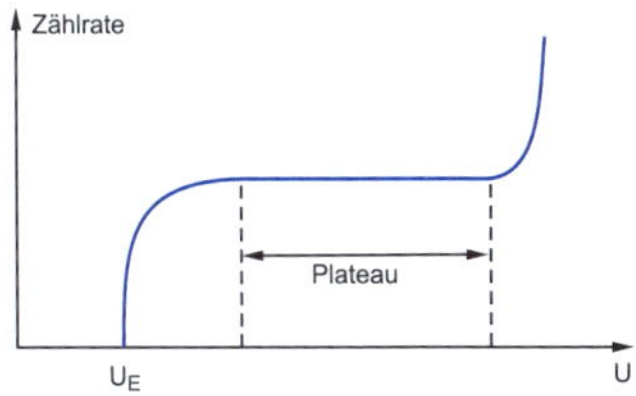

Liegt die Zählrohrspannung unter der Einsatzspannung U_E, so spricht das Zählrohr auf eindringende Teilchen nicht an. Für $U > U_E$ gibt es einen Bereich von einigen hundert Volt, in dem die Impulsrate unabhängig von der Spannung fast konstant ist. Dieser Bereich heißt **Plateau**. Bei der Messung mit einem im Auslösebereich arbeitenden Zählrohr wählt man die Betriebsspannung so, dass man ungefähr in der Mitte des Plateaus liegt.

Die Tatsache, dass jedes Zählrohr auch in Abwesenheit radioaktiver Präparate Impulse registriert, nennt man **Nulleffekt**. Die Anzahl dieser Impulse pro Zeiteinheit heißt **Nullrate**. 12

Der Nulleffekt wird durch die Höhenstrahlung, durch Streustrahlung aus dem Erdinneren und durch radioaktive Gasreste in der umgebenden Luft verursacht. Die Nullrate hängt von der Fläche ab, die das Zählrohr diesen Strahlungen bietet.

Eine **Wilson'sche Nebelkammer** besteht aus einer luftdicht abgeschlossenen Dose mit Plexiglaskappe. Im Kammerinneren wird eine gesättigte Wasser-Alkoholdampfatmosphäre erzeugt. Wird der Gasdruck in der Kammer durch ruckartige Betätigung der Luftpumpe kurzfristig verringert, kühlt sich die Luft im Kammerinneren ab und ein Teil des Wassers fällt in Form feiner Tröpfchen aus; kältere Luft kann nämlich nicht mehr so viel Wasser in gasförmigem Zustand aufnehmen. Die Tröpfchenbildung findet bevorzugt an den Ionen statt, die ein ionisierendes Teilchen auf seinem Weg durch die Kammer er- 13 zeugt. Die Tröpfchenspuren können unmittelbar nach der Expansion fotografiert oder mit bloßem Auge beobachtet werden.

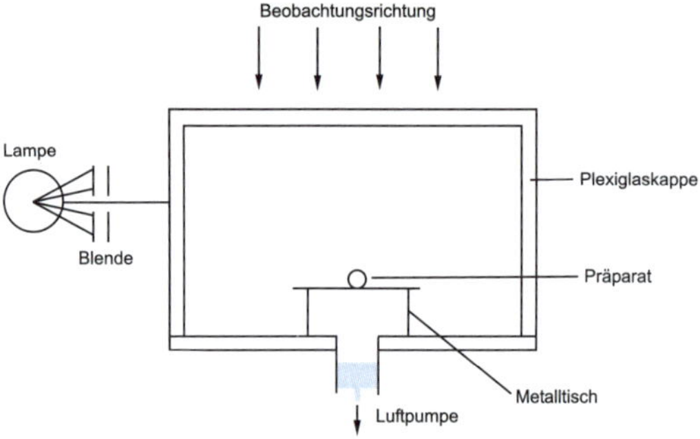

14 In einer **kontinuierlichen Nebelkammer** strömt Methylalkohol aus einem Verdampfer und diffundiert von einer wärmeren oberen Zone nach unten in eine kältere Zone. Letztere wird durch gegen ein Blech gepresstes Trockeneis erzeugt. Auf dem Weg nach unten durchquert der Dampf das **empfindliche Gebiet** der Kammer, in dem die Verhältnisse stets so liegen wie unmittelbar nach der Expansion in der Wilson'schen Kammer. Die Bahnen ionisierender Teilchen werden daher nur in der empfindlichen Zone sichtbar; diese regeneriert sich nach jeder Tröpfchenbildung durch den nachdiffundierenden Dampf selbstständig. So können Teilchenspuren mehrere Stunden lang ohne lästige Expansion des Kammervolumens beobachtet werden.

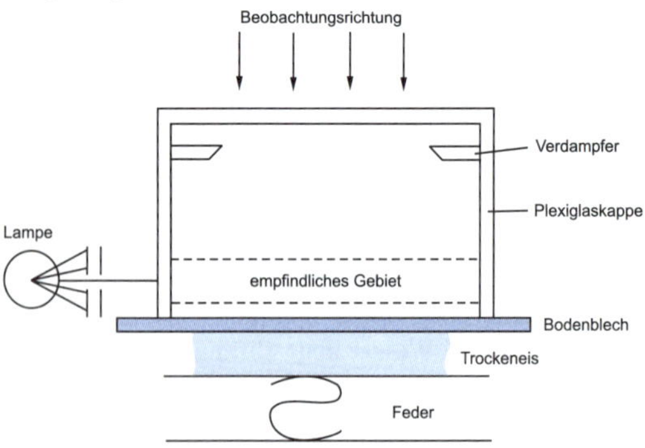

Für die Aufnahme von Bahnspuren hochenergetischer Teilchen mit großer Reichweite verwendet man **Blasenkammern**, die mit flüssigem Wasserstoff oder einer anderen leicht siedenden Flüssigkeit gefüllt sind. Diese bremst die Teilchen stärker als das Gas in einer Nebelkammer, sodass meist die gesamte Bahn des Teilchens in der Kammer verläuft. 15
Die Füllflüssigkeit ist überhitzt, siedet aber wegen des hohen Drucks nicht. Durch eine geringe Volumenvergrößerung des Dampfes wird der Dampfdruck über der Flüssigkeit gesenkt und die Flüssigkeit überhitzt. Sie siedet und bildet Blasen, vorwiegend dort, wo sich Ionen befinden. Ein vor die Blasenkammer gesetztes Zählrohr kann die Dampfdruckerniedrigung automatisch einschalten, wenn es von hochenergetischen Teilchen durchflogen wird, sodass die Bahn des Teilchens in der Kammer anhand der Blasen längs der Bahn beobachtet werden kann.

Ein **Spinthariskop** besteht aus einem Zinksulfid-Schirm, der bei vollständiger Dunkeladaption des menschlichen Auges mit einer Lupe oder einem Mikroskop beobachtet wird. Treffen α-Teilchen auf den Schirm, so beobachtet man Lichtblitze. Da jeder Lichtblitz durch ein auftreffendes α-Teilchen ausgelöst wird, kann man durch Abzählen der Lichtblitze die Anzahl der absorbierten α-Teilchen ermitteln. 16

Szintillationszähler 17

Ein in einen thalliumdotierten Natriumjodidkristall eindringendes γ-Quant gibt seine Energie ganz oder teilweise an Elektronen ab. Diese erzeugen im Kristall Anregungen, die durch Emission von Photonen wieder abgebaut werden. Ein Teil dieser Photonen gelangt durch einen Lichtleiter auf die Photokathode und löst dort Fotoelektronen aus. Sie werden im angebauten Sekundärelektronenvervielfacher (SEV) so vermehrt, dass an seinem Ausgang ein messbarer Impuls entsteht. Die Höhe dieses Impulses ist proportional zur Energie, die das einfallende Teilchen im Szintillator abgegeben hat.

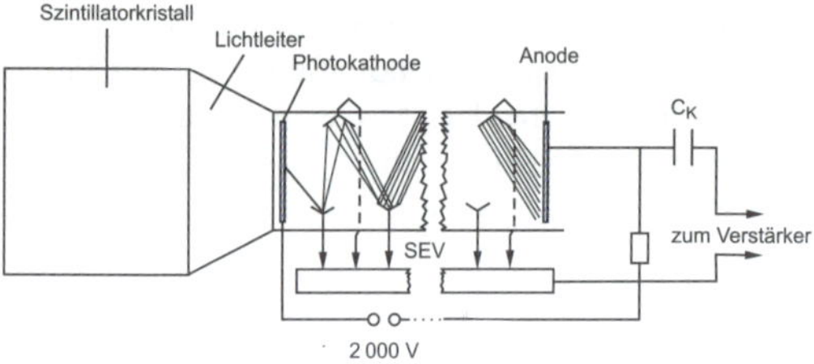

18 Fotografisches Verfahren

Kernemulsionen sind bis zu 2 mm dicke Gelatineschichten, in denen kristallines Silberbromid gelöst ist. Treffen Teilchen auf die Schicht, so ionisieren sie entlang ihrer Bahn die Silberbromid-Moleküle, sodass bei der anschließenden Entwicklung entlang der Teilchenbahn eine schwarze Spur von atomarem Silber entsteht. Die Entwicklung kann dabei so vorgenommen werden, dass man bei der Auswertung unter dem Mikroskop die Anzahl der Ionen pro Spurlänge abzählen kann (Energiemessung des Teilchens). Da die Teilchen im Allgemeinen nicht parallel zur Schichtebene einfallen, wird gewöhnlich ein Stapel von vielen einzelnen Emulsionsschichten der Strahlung ausgesetzt; man kann so die Spur des Teilchens durch mehrere Schichten verfolgen. Nachteilig ist vor allem, dass man einer Spur nicht ansehen kann, wann sie gebildet worden ist. Kernemulsionen sind daher nicht lagerfähig, da durch die kosmische Strahlung in kurzer Zeit eine erhebliche Zahl von Spuren gebildet wird.

19 Zählstatistik

Die Anzahl Z der Zerfälle eines sehr langlebigen Präparats innerhalb eines bestimmten Zeitintervalls Δt ist in guter Näherung poissonverteilt mit der Standardabweichung $\sigma = \sqrt{Z}$.
Ferner ist in mehr als $\frac{2}{3}$ aller Fälle die Abweichung einer Einzelmessung Z vom Erwartungswert kleiner als $\sqrt{Z}$. In diesem Sinn wird $\sqrt{Z}$ als absoluter Fehler der Messung betrachtet.

18 Identifizierung und Trennung der Komponenten der radioaktiven Strahlung

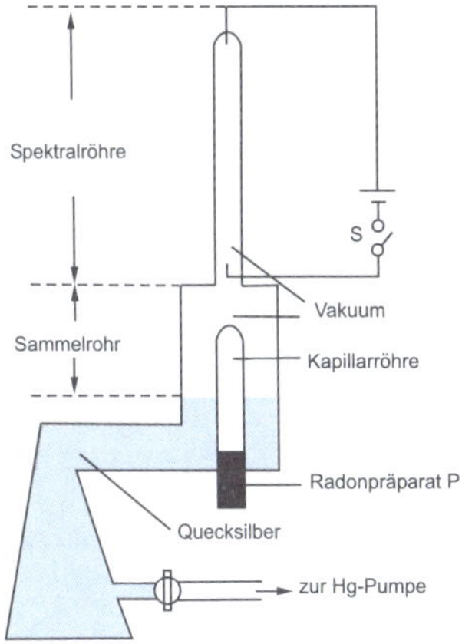

Zum **Nachweis**, dass es sich 1
bei **α-Teilchen** um **Heliumkerne** handelt, füllt man einen Alphastrahler in ein Kapillargefäß, durch dessen Wände α-Teilchen in das evakuierte Sammelrohr gelangen können. Nach einer angemessenen Wartezeit, in der sie dort durch Elektroneneinfang zu Heliumatomen rekombinieren konnten, presst man das Heliumgas durch Einpumpen von Quecksilber in eine Spektralröhre. Eine dort gezündete Glimmentladung emittiert die **Spektrallinien des Heliums**. In einem zweiten Kontrollversuch wird sichergestellt, dass Helium nicht von außen ins Sammelrohr diffundieren konnte.

Die Natur der **β^--Teilchen** lässt sich durch Messung ihrer **spezifi-** 2
schen Ladung aufdecken. Dazu lässt man die Strahlung eines β^--Präparats nach einem der Richtungsdefinierung dienenden Bleiblendenpaar in ein Wien'sches Geschwindigkeitsfilter (elektrische Feldstärke E, magnetische Flussdichte B_1) treten und anschließend senkrecht zu den Feldlinien in ein homogenes Magnetfeld. Nur wenn dessen Flussdichte einen ganz bestimmten Wert $\vec{B}_2$ annimmt, gelangt die Strahlung weiter ins Zählrohr, das um den Winkel ϑ aus der ursprünglichen Strahlrichtung herausgedreht ist. Der Drehpunkt D hat von den Blenden 1 und 2 jeweils den Abstand L. Gemessen werden E, B_1, B_2, L und ϑ.

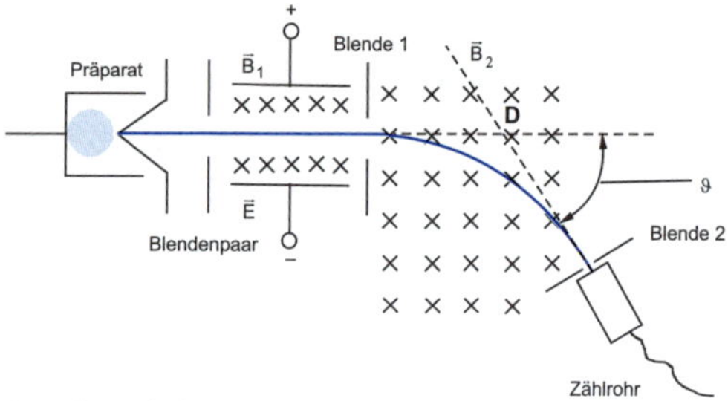

Aus der relativistischen Kräftebilanz

$$B_2 \cdot q \cdot v = \frac{m_0 \cdot v^2}{\sqrt{1-\frac{v^2}{c^2}} \cdot r}$$

erhält man

$$\frac{q}{m_0} = \frac{v}{B_2 \cdot r \cdot \sqrt{1-\frac{v^2}{c^2}}}, \text{ wobei } r = \frac{L}{\tan\frac{\vartheta}{2}} \text{ und } v = \frac{E}{B_1}.$$

Der aus den Messwerten berechnete Wert $\frac{q}{m_0}$ stimmt mit der spezifischen Ladung des Elektrons überein.

3 Auch die Natur der **α-Teilchen** kann durch eine Messung ihrer **spezifischen Ladung** aufgedeckt werden. Der experimentelle Aufwand ist aber beträchtlich, da α-Teilchen wegen ihrer großen Masse auch von starken Magnetfeldern nur geringfügig abgelenkt werden und in Luft nur eine Reichweite von wenigen cm besitzen. Daher muss in einem relativ großen, räumlichen Bereich ein gutes Vakuum und ein starkes, homogenes Magnetfeld erzeugt werden.
Außerdem stimmen die spezifischen Ladungen anderer Nuklide wie ${}^{2}_{1}H$ oder ${}^{6}_{3}Li$ im Rahmen der Messgenauigkeit mit der spezifischen Ladung von ${}^{4}_{2}He$-Kernen überein. Ein eindeutiger Rückschluss ist so nicht möglich!

γ-Strahlung verhält sich in allen Versuchen wie die als **elektromagnetische Strahlung** bekannte Röntgenstrahlung. Sie ist auch durch stärkste elektrische und magnetische Felder nicht ablenkbar, besitzt ein sehr schwaches Ionisierungsvermögen, kann Foto- und Comptoneffekt auslösen und breitet sich im Vakuum mit Lichtgeschwindigkeit aus. 4

α-, β- und γ-Strahlen ionisieren Gase sehr unterschiedlich. 5
In Luft von Atmosphärendruck erzeugen α- bzw. β- bzw. γ-Teilchen der Energie 1 MeV längs eines Zentimeters ca. 10^4 bzw. 10^2 bzw. 1 einwertige Ionenpaare. α-Teilchen besitzen daher in Luft nur eine Reichweite von wenigen Zentimetern. β-Teilchen können auch noch bis zu einem Abstand von 1 Meter, γ-Teilchen auch noch in mehreren 10 m Entfernung von der Strahlungsquelle nachgewiesen werden.

Zur schnellen **Identifizierung** der von einem radioaktiven Präparat ausgehenden Strahlung bringt man zwischen das Präparat und einem Zählrohr nacheinander unterschiedliche **Absorber**. Je nachdem, ob die Strahlung (fast) vollständig durch ein Blatt Papier, eine 1 mm dicke Bleiplatte oder eine 5 cm dicke Bleiplatte ausgelöscht wird, handelt es sich um α-, β- oder γ-Strahlung. 6

In einer **Nebelkammer** hinterlassen 7
a) **α-Teilchen** relativ kurze, kräftige und dicke, geradlinige Spuren,
b) **β-Teilchen** lange, dünne perlschnurartige Tröpfchenspuren, die bei energiereichen Teilchen relativ gerade verlaufen, bei energieärmeren auch Knicke aufweisen können.
c) **γ-Quanten** sind in der Nebelkammer aufgrund ihres geringen Ionisierungsvermögens direkt nicht nachweisbar. Sie erzeugen längs ihrer Bahn Fotoelektronen, deren fasrige, recht undeutliche Spuren beobachtet werden können.

8 Da **α- und β-Teilchen** Ladungen entgegen gesetzten Vorzeichens tragen, γ-Quanten aber ungeladen sind, werden α- und β-Teilchen von einem **magnetischen** oder einem **elektrischen Feld** in entgegen gesetzter Richtung aus dem „Mischstrahl" heraus **abgelenkt**, während γ-Quanten ohne Ablenkung durch Felder gelangen können.

9 **Identifizierung mittels Zählrohr und Oszillograph**
Die Höhe der von einem Proportionalitätszählrohr am Widerstand R_A erzeugten Spannungsimpulse hängt von der Zahl der primär im Zählrohr gebildeten Ionen ab.
Leitet man die Impulse auf das y-Plattenpaar eines Oszillographen weiter, so lässt sich aus deren Höhe auf die Strahlenart schließen: α-Teilchen erzeugen deutlich höhere Impulse als β-Teilchen und diese wiederum höhere als γ-Quanten.

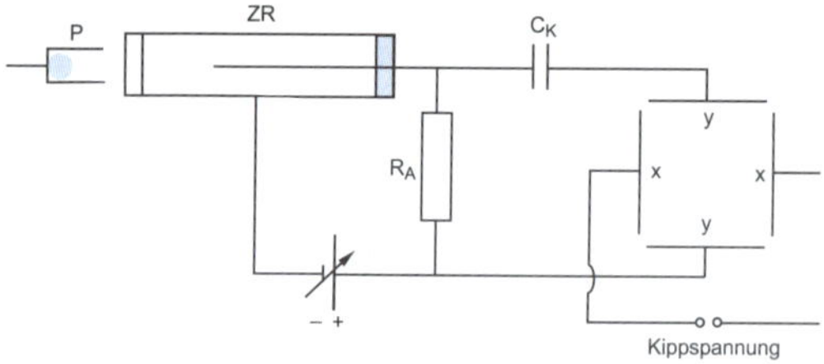

19 Schwächung radioaktiver Strahlung

1 **α-Teilchen** üben beim **Durchgang durch Materie** aufgrund ihrer Ladung elektromagnetische Kräfte auf die gebundenen Elektronen der Atome aus und regen diese an oder ionisieren sie. Wegen ihrer großen Masse werden sie dabei kaum aus ihrer Bahn abgelenkt. Ionisation kommt vor allem bei energiereichen α-Teilchen häufiger als Anregung vor.

2 Aufgrund ihrer Ladung **verlieren β^--Teilchen** in Materie wie α-Teilchen **Energie durch Anregungen und Ionisationen**. Wegen ihrer kleinen Masse werden sie dabei oder beim nahen Passieren von Kernen teils stark abgelenkt, beschleunigt und verlieren zusätzlich Ener-

gie durch **Bremsstrahlung** (→ 12|7). Die **Strahlungsverluste** überwiegen, wenn die Energie der β^--Teilchen größer als $\frac{1}{Z} \cdot 600$ MeV ist. Z bezeichnet dabei die Kernladungszahl der Absorberatome. Starke Ablenkungen führen in dem Sinn zu einer zusätzlichen Schwächung der Strahlung, dass die β^--Teilchen hinter dem Absorber nicht mehr in der ursprünglichen Richtung zu finden sind.

γ-Quanten wechselwirken mit Materie über den Fotoeffekt (→ 1|11), **den Comptoneffekt** (→ 2|1) oder **die Paarbildung** (→ 27|1). 3

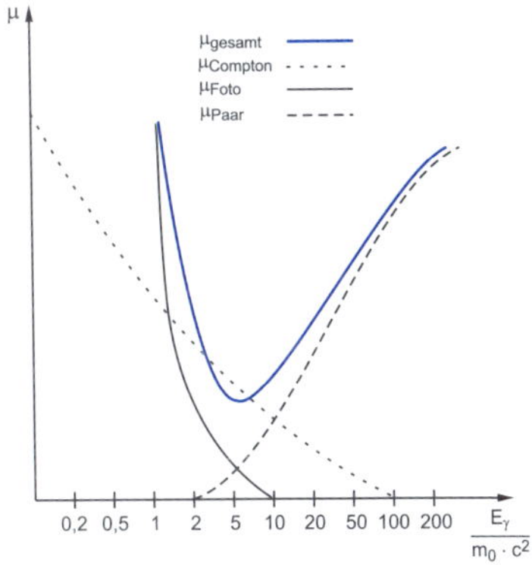

Liegt die γ-Quant-Energie unterhalb weniger keV, überwiegt der Fotoeffekt; der Comptoneffekt ist dort klein und Paarerzeugung energetisch nicht möglich. Bei mittleren Energien um etwa 1 MeV dominiert der Comptoneffekt. Ab der Energie $2 \cdot m_0 \cdot c^2 = 1{,}022$ MeV wird die Paarerzeugung möglich. Sie gewinnt mit zunehmender Energie rasch an Bedeutung, bis sie völlig überwiegt. Um die Energieabhängigkeit der drei Prozesse zu veranschaulichen, stellt man die zugehörigen Schwächungskoeffizienten μ_{Foto}, $\mu_{Compton}$ und μ_{Paar} (→ 19|5) als Funktion der Energie dar.

γ-Quanten passieren einen Absorber entweder ohne Wechselwirkung 4
oder gehen dem Strahl bei einer einzigen Wechselwirkung verloren. Hinter einem Absorber austretende γ-Strahlung hat im Gegensatz zu α- oder β-Strahlung dieselbe Energie- und Winkelverteilung wie die einfallende. α-Teilchen z. B. erfahren viele kleine Wechselwirkungen, die sich statistisch addieren, sodass der Strahl hinter dem Absorber zwar in seiner Energie geschwächt und nicht länger monoenergetisch ist, aber noch alle Teilchen enthält, vorausgesetzt der Absorber war nicht zu dick.

5 Daher ist für jede differenzielle Schichtdicke Δx die Zahl ΔN der wechselwirkenden γ-Quanten proportional zur Anzahl $N(x)$ der in der Entfernung x von der Absorberoberfläche vorhandenen γ-Quanten, $\Delta N \sim N(x)$, und zur Schichtdicke, $\Delta N \sim \Delta x$, sodass gilt:

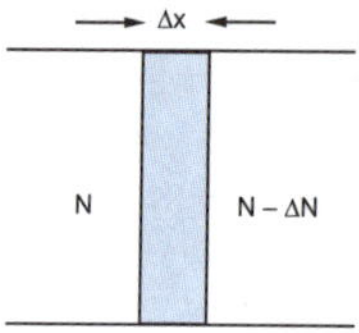

$$\Delta N \sim N(x) \cdot \Delta x.$$

Nach Einführung einer Proportionalitätskonstanten $-\mu$, deren Minuszeichen die absorptionsbedingte Verringerung der Anzahl $N(x)$ der γ-Quanten berücksichtigt, erhält man $\Delta N = -\mu \cdot N(x) \cdot \Delta x$ und hieraus

$$\frac{\Delta N}{\Delta x} = -\mu \cdot N(x).$$

Für $\Delta x \to 0$ ergibt sich die Differenzialgleichung

$$N'(x) = -\mu \cdot N(x).$$

Ihre Lösung erhält man durch logarithmische Integration. Sie lautet

$$N(x) = N_0 \cdot e^{-\mu \cdot x}$$

und wird **Schwächungs- oder Absorptionsgesetz** genannt.
N_0 bezeichnet dabei die Anzahl der auf die Folienoberfläche treffenden γ-Quanten. Der material- und energieabhängige Parameter μ heißt **Schwächungskoeffizient**.

6 Die **Halbwertsdicke D** ist diejenige Schichtdicke eines Absorbers, nach deren Durchstrahlung sich die Intensität einer monoenergetischen γ-Strahlung auf den halben Wert ihres Anfangsbetrages verringert hat. Zwischen den material- und energieabhängigen Größen Halbwertsdicke D und Schwächungskoeffizient μ gilt die Beziehung:

$$D = \frac{\ln 2}{\mu}.$$

7 **β^--Teilchen** wechselwirken mit Materie nicht nach dem „Alles-oder-Nichts-Prinzip“ der γ-Quanten, das Voraussetzung für eine **exponentielle Schwächung** ist. Die von einem β^--Strahler emittierten Elektronen besitzen aber ein kontinuierliches Energiespektrum (→ 25|8). Für jeden Energiebereich dieses Spektrums ergibt sich eine von einer Exponentialkurve deutlich abweichende Schwächungskurve. Durch Überlagerung dieser vielen einzelnen Schwächungskurven entsteht

aber eine Gesamtschwächungskurve, die in weiten Bereichen durch ein Exponentialgesetz der Form $N(x) = N_0 \cdot e^{-\mu \cdot x}$ beschrieben werden kann.

8 Der Quotient $\frac{\mu}{\rho}$ aus dem Schwächungskoeffizient (→ 19|5) und der Dichte des Absorbermaterials heißt **Massenschwächungskoeffizient**. Für hoch- und monoenergetische Elektronenstrahlung hängt er nicht von der Art des durchstrahlten Stoffes ab. Nach dem **Lenard'schen Massenabsorptionsgesetz** wird die Absorption schneller Elektronen nicht von der Stoffart des Absorbers, sondern von seinem Flächengewicht, also der Masse pro Fläche, und der Elektronenenergie bestimmt.

9 Unter der **Reichweite** eines Teilchens versteht man die Schichtdicke, die ein Teilchen bis zum Verlust seiner gesamten Energie durchdringt.

a) Für **γ-Quanten** kann eine Reichweite nicht festgelegt werden, da sie nur einmal wechselwirken und der Ort dieser Wechselwirkung mit gleicher Wahrscheinlichkeit an jeder Stelle des Absorbers liegen kann.

b) **α-Teilchen** werden als schwere Teilchen im Absorber kaum abgelenkt. Daher stimmen ihre Bahnlängen mit den Reichweiten überein.

c) **β^--Teilchen** können bei einem Stoß bis zur Hälfte ihrer Energie abgeben und bewegen sich auf Zick-Zack-Bahnen durch den Absorber. Die Schichtdicken, innerhalb derer β^--Teilchen ihre Energie verlieren, schwanken daher sehr stark und ihre Bahnlängen sind wesentlich größer als diese Schichtdicken.

Als mittlere Reichweite definiert man diejenige Schichtdicke $\overline{R}$, nach der die Elektronenzahl auf die Hälfte der ursprünglichen Zahl abgenommen hat.

10 Die **Reichweite von α-Teilchen** kann mit einer nur auf α-Teilchen ansprechenden **Bragg'schen Ionisationskammer gemessen** werden. Sie ist mit Luft gefüllt und wird im Sättigungsbereich betrieben. Eine Elektrode ist als Platte K ausgeführt, die andere als Metallgitter G, durch das die Strahlung in die Kammer eindringen kann. Man misst die Stärke des Ionisationsstroms I_{ion} in Abhängigkeit vom Präparateabstand r und entnimmt dem r-I_{ion}-Diagramm die maximale Reichweite R.

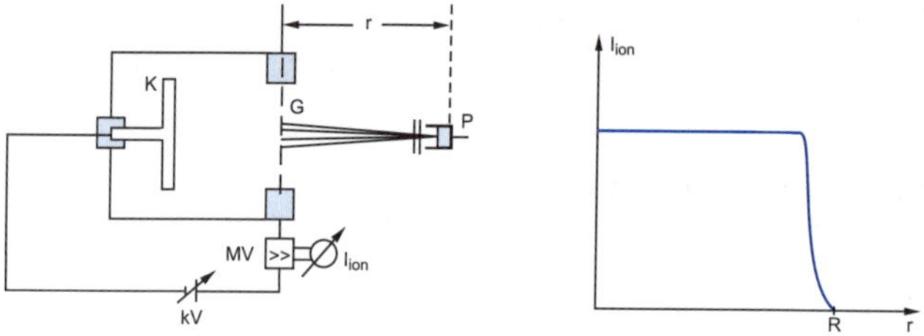

11 Empirisch findet man einen **Zusammenhang** zwischen der **maximalen Reichweite** R von **α-Teilchen in Luft** und ihrer **kinetischen Energie**:

$$R \approx 0{,}32 \cdot \sqrt{(E_{kin})^3}\text{; R in cm; } E_{kin} \text{ in MeV.}$$

12 Die Reichweiten von α-Teilchen in Luft liegen zwischen 3 cm und 7 cm. Pro cm Reichweite beträgt die kinetische Energie eines α-Teilchens ca. 1,5 MeV.

13 Für **die maximale Reichweite** r_{max} **schneller Elektronen** gilt:

$$r_{max} = \frac{\text{Flächengewicht des Absorbers}}{\text{Dichte des Absorbers}}.$$

14 Breitet sich Strahlung ungehindert von einer Quelle nach allen Seiten in den Raum aus, so ist die Strahlungsleistung P(r) im Abstand r von der Quelle umgekehrt proportional zu r^2:

$$P(r) \sim \frac{1}{r^2}.$$

Dieses **quadratische Abstandsgesetz** gilt auch für γ-Quanten. Die mit dem gleichen Zählrohr in den Entfernungen r_1 bzw. r_2 von einem γ-Strahler gemessenen Zählraten $Z(r_1)$ bzw. $Z(r_2)$ verhalten sich umgekehrt wie die Entfernungsquadrate:

$$\frac{Z(r_1)}{Z(r_2)} = \frac{r_2^2}{r_1^2}.$$

20 Verschiebungssätze und Zerfallsreihen

Fajans und Soddy fanden empirisch die so genannten **Verschiebungssätze**: Bei einer 1

a) α-Umwandlung nimmt die Ordnungszahl Z des radioaktiven Elements um 2, die Massenzahl A um 4 Einheiten ab.
b) β^--Umwandlung nimmt die Ordnungszahl Z des radioaktiven Elements um eine Einheit zu, die Massenzahl A bleibt unverändert.
c) γ-Umwandlung ändert sich nur der Energiezustand des Kerns, aber nicht die Ordnungszahl Z und die Massenzahl A.

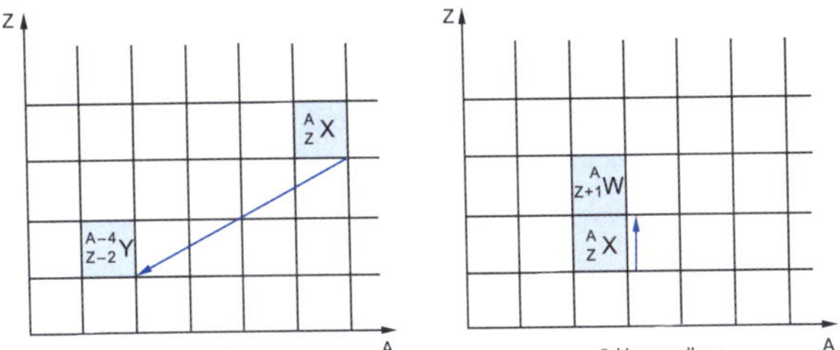

α-Umwandlung β-Umwandlung

Damit gelangte man zu folgenden, die **Kernumwandlungen** beim 2
α- und β^--Zerfall **beschreibenden Gleichungen**:

α-Umwandlung: $^{A}_{Z}X \rightarrow {}^{A-4}_{Z-2}Y + {}^{4}_{2}He$

β^--Umwandlung: $^{A}_{Z}X \rightarrow {}_{Z+1}^{\;\;A}W + {}^{\;0}_{-1}e^-$

Das Elektron beim β^--Zerfall stammt nicht aus der Elektronenhülle, sondern entsteht im Kern durch Umwandlung eines Neutrons in ein Proton.

Zerfallsprodukte radioaktiver Elemente sind meist wieder radioaktiv 3
und bilden in ihrer Gesamtheit eine **Zerfallsreihe**, die mit einer Muttersubstanz beginnt und bei einem stabilen Endprodukt endet.
Besitzt die Massenzahl A der Muttersubstanz z. B. die Darstellung $A = 4n + 1$ mit $n \in \mathbb{N}$, so sind die Massenzahlen sämtlicher aus dieser Mutter durch radioaktiven Zerfall entstehenden Kerne der nachfolgenden Generationen vom Typ $4n + 1$, da die Massenzahl

nach den Verschiebungssätzen beim natürlichen radioaktiven Zerfall entweder um 4 Einheiten abnimmt oder unverändert bleibt. Da es für eine natürliche Zahl A nur die 4 Darstellungsmöglichkeiten $4n$, $4n+1$, $4n+2$, $4n+3$ mit $n \in \mathbb{N}$ gibt, existieren höchstens **4 verschiedene Zerfallsreihen.**

4 Die 4 Zerfallsreihen können experimentell nachgewiesen werden, vgl. hierzu die entsprechenden Diagramme auf den folgenden Seiten.

5 Die meisten natürlichen Radionuklide emittieren entweder nur α- oder nur β-Teilchen. Einige wenige Nuklide senden beide Teilchen aus. Das einzelne Nuklid kann aber nie beide Teilchen abgeben, sondern immer nur α- oder nur β-Teilchen.

Die Thorium-Zerfallsreihe A = 4n

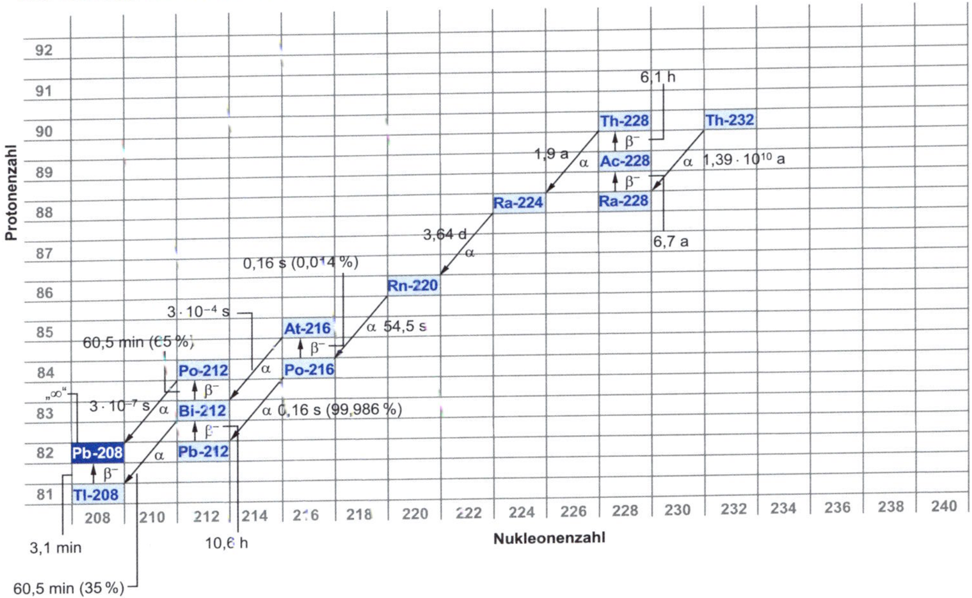

Die Neptunium-Zerfallsreihe A = 4n + 1

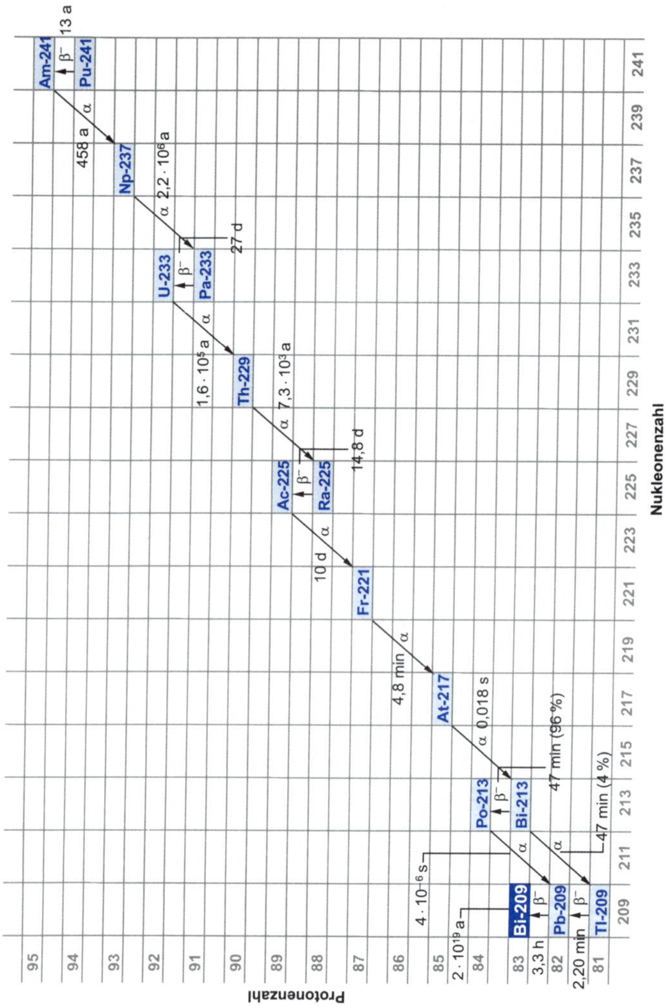

Die Uran-Radium-Zerfallsreihe A = 4n + 2

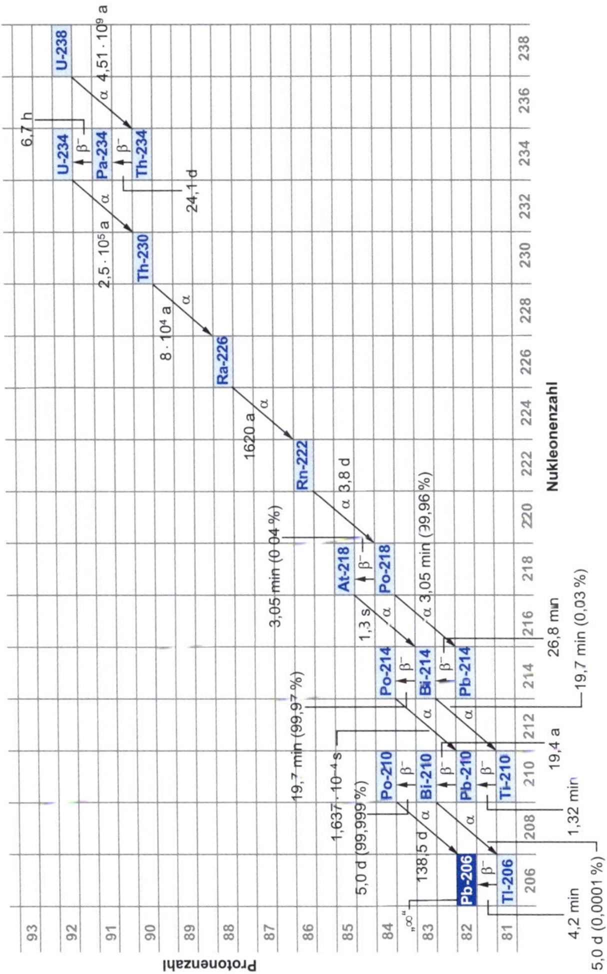

Die Uran-Actinium-Zerfallsreihe A = 4n + 3

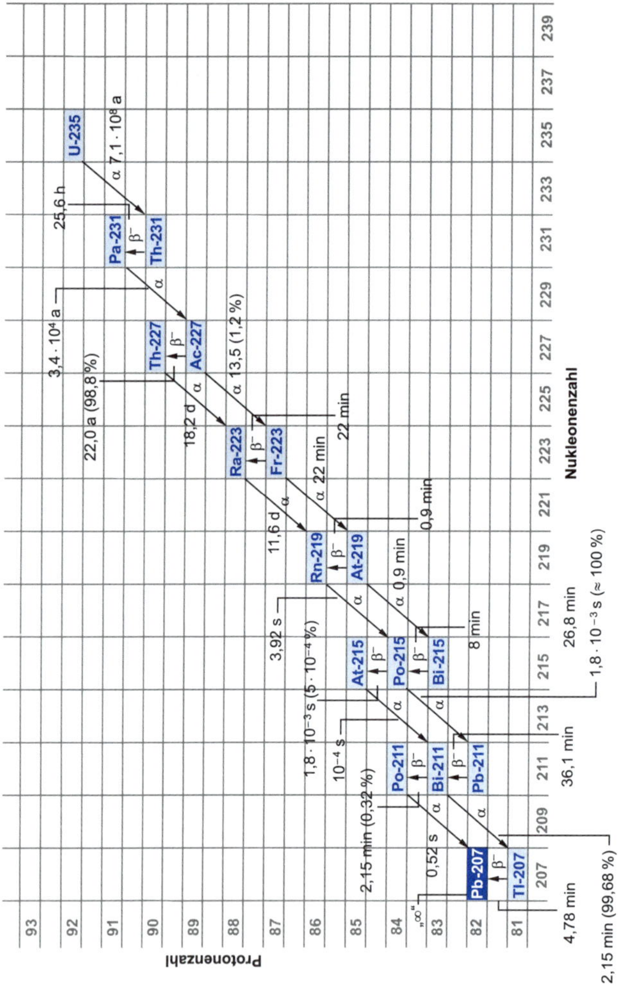

21 Zerfallsgesetz

Spontane Kernumwandlungen erfolgen statistisch – äußere Bedingungen wie Aggregatzustand, Temperatur, chemische Bindung, … sind ohne Einfluss auf die Kernumwandlung.

Dabei ist die Zahl ΔN der Kerne, die in einem sehr kleinen Zeitintervall Δt von einer einheitlichen radioaktiven Substanz zerfallen, direkt proportional zum Zeitabschnitt Δt, $\Delta N \sim \Delta t$, und zur Zahl $N(t)$ der Kerne, die zum Zeitpunkt t noch unzerfallen vorhanden sind, $\Delta N \sim N(t)$. Daher ist $\Delta N \sim N(t) \cdot \Delta t$. Nach Einführung einer Proportionalitätskonstanten $-\lambda$, deren Minuszeichen die Abnahme von $N(t)$ mit fortschreitender Zeit berücksichtigt, ergibt sich 1

$$\Delta N = -\lambda \cdot N(t) \cdot \Delta t$$

und hieraus

$$\frac{\Delta N}{\Delta t} = -\lambda \cdot N(t).$$

Für $\Delta t \to 0$ erhält man die **Differenzialgleichung für den radioaktiven Zerfall**:

$$\dot{N}(t) = -\lambda \cdot N(t).$$

Ihre Lösung, **das Zerfallsgesetz**, erhält man durch logarithmische Integration. Sie lautet:

$$N(t) = N_0 \cdot e^{-\lambda \cdot t}.$$

N_0 bezeichnet dabei die Anzahl der zum Zeitpunkt $t = 0$ s unzerfallen vorhandenen Kerne. λ heißt Zerfallskonstante, hat die Benennung s^{-1} und ist ein Maß für die Zerfallsgeschwindigkeit: je größer λ, desto kurzlebiger ist die Substanz.

Eine weitere die Zerfallsgeschwindigkeit beschreibende Größe ist die **Halbwertszeit**. Darunter versteht man diejenige Zeitspanne T, nach der eine ursprünglich vorhandene Anzahl radioaktiver Kerne zur Hälfte zerfallen ist. Zwischen der Halbwertszeit T und der Zerfallskonstante λ besteht der Zusammenhang: 2

$$\lambda = \frac{\ln 2}{T}.$$

3 Der Mittelwert der Lebensdauern aller Kerne einer radioaktiven Substanz heißt **mittlere Lebensdauer** und wird mit τ bezeichnet. Es gilt:

$$\tau = \frac{1}{\lambda} \quad \text{bzw.} \quad \tau = \frac{T}{\ln 2}.$$

4 Die **mittlere Lebensdauer** τ lässt sich **anschaulich** als die Zeit **deuten**, nach der alle Kerne zerfallen wären, wenn der Zerfall linear mit der anfänglichen Zerfallsgeschwindigkeit fortgeschritten wäre, oder als die Zeitspanne, innerhalb derer die Zahl der unzerfallenen Kerne auf den e-ten Teil abnimmt.

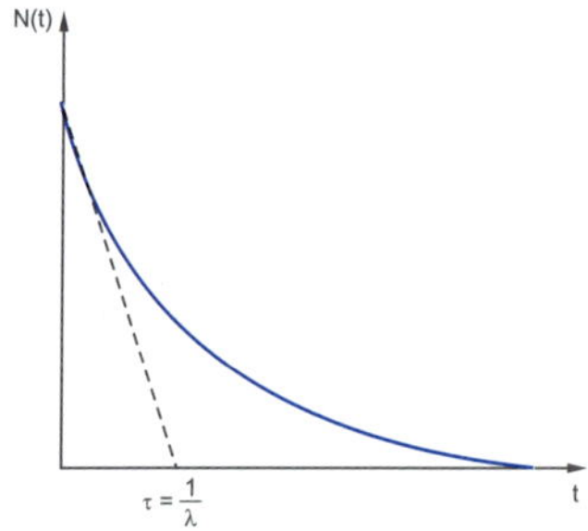

5 Ein beliebiger Kern zerfällt zu einem beliebigen Zeitpunkt innerhalb des anschließenden sehr kleinen Zeitintervalls Δt mit der **Wahrscheinlichkeit**

$$P = \lambda \cdot \Delta t.$$

Da λ eine zeitunabhängige Konstante ist, hängt die **Zerfallswahrscheinlichkeit** nicht von der „Lebenszeit" eines Kerns ab. In diesem Sinne altern Kerne nicht, da bei einem Alterungsprozess die Zerfalls- = "Sterbe"-Wahrscheinlichkeit mit zunehmendem „Lebensalter" stiege.

6 Die Anzahl der Zerfälle pro Zeiteinheit nennt man **Aktivität A**:

$$A := \left|\frac{\Delta N}{\Delta t}\right|.$$

Als Benennung für die Aktivität verwendet man das Becquerel (Bq): $1\ \text{Bq} = \frac{1}{s}$. Eine alte Einheit ist das Ci (Curie). $1\ \text{Ci} = 3{,}7 \cdot 10^{10}\,\frac{1}{s}$ ist die Anzahl der α-Zerfälle, die in 1 g reinen Radiums in 1 Sekunde stattfinden.

Die **Aktivität** eines radioaktiven Präparats **nimmt** mit fortschreitender Zeit **exponentiell ab**: 7

$$A(t) = A_0 \cdot e^{-\lambda \cdot t}.$$

A_0 bezeichnet dabei die Anfangsaktivität $A_0 = \lambda \cdot N_0$.

Zur Bestimmung der **Halbwertszeit T eines langlebigen Radionuklids** berechnet man aus der Masse des Präparats die Zahl N(t) der zum Messzeitpunkt unzerfallenen Kerne und misst, wie viele Kerne ΔN in einem gegenüber T sehr kleinen Zeitintervall Δt zerfallen. Aus 8

$$\Delta N = \lambda \cdot N(t) \cdot \Delta t = \frac{\ln 2}{T} \cdot N(t) \cdot \Delta t$$

ergibt sich:

$$T = \frac{\ln 2 \cdot N(t) \cdot \Delta t}{\Delta N}.$$

Bei **kürzeren Halbwertzeiten** genügt die Messung der Aktivitäten zu zwei so weit auseinander liegender Zeitpunkten $t_1 < t_2$, dass $A(t_1)$ deutlich größer als $A(t_2)$ ist. Aus 9

$$\frac{A(t_1)}{A(t_2)} = \frac{A_0\, e^{-\lambda \cdot t_1}}{A_0\, e^{-\lambda \cdot t_2}} = e^{\lambda(t_2 - t_1)} = e^{\frac{\ln 2 \cdot (t_2 - t_1)}{T}}$$

ergibt sich:

$$T = \frac{\ln 2 \cdot (t_2 \quad t_1)}{\ln \frac{A(t_1)}{A(t_2)}}.$$

Bei **sehr kleinen Halbwertszeiten** misst man die Anzahl der Zerfälle Z_1 und Z_2 in zwei unmittelbar aufeinander folgenden Zeitintervallen der **gleichen** Länge Δt. Aus 10

$$\frac{Z_1}{Z_2} = \frac{N(0) - N(\Delta t)}{N(\Delta t) - N(2\Delta t)} = \frac{N_0 \cdot (1 - e^{-\lambda \cdot \Delta t})}{N_0 \cdot e^{-\lambda \cdot \Delta t}(1 - e^{-\lambda \cdot \Delta t})} = e^{\frac{\ln 2 \cdot \Delta t}{T}}$$

ergibt sich:

$$T = \frac{\ln 2 \cdot \Delta t}{\ln \frac{Z_1}{Z_2}}.$$

11 Zerfällt ein Nuklid A radioaktiv mit bekannter Halbwertszeit T in ein stabiles Nuklid B und waren bei der Entstehung eines Gesteins nur Nuklide der Sorte A, aber keine der Sorte B vorhanden, so lässt sich das **Alter** t **des Gesteins** aus dem momentan in einer Gesteinsprobe vorliegenden Zahlenverhältnis $N_B : N_A$ von Nukliden der Sorte B und A bestimmen. Aus

$$\frac{N_B}{N_A} = \frac{N_A(0) - N_A(t)}{N_A(t)}$$

$$= \frac{N_A(0) - N_A(0) \cdot e^{-\lambda \cdot t}}{N_A(0) \cdot e^{-\lambda \cdot t}} = \frac{1 - e^{-\lambda \cdot t}}{e^{-\lambda \cdot t}} =$$

$$= e^{\lambda t} - 1 = e^{\frac{\ln 2}{T} \cdot t} - 1$$

folgt:

$$t = \frac{T}{\ln 2} \cdot \ln\left(1 + \frac{N_B}{N_A}\right).$$

12 Die **Radiokarbonmethode** nutzt aus, dass die kosmische Strahlung in der Atmosphäre Neutronen freisetzt, die mit den Stickstoffkernen der Luft über die Reaktion

$$^{14}_{7}N + ^{1}_{0}n \rightarrow ^{14}_{6}C + ^{1}_{1}p$$

den β^--Strahler C14 erzeugen. Wenn sich die kosmische Strahlung nicht geändert hat, so ist aufgrund des Zerfalls und der Neuentstehung des C14 vor langer Zeit ein Gleichgewicht entstanden. Das Zahlenverhältnis $N_{C12} : N_{C13} : N_{C14}$ zwischen den in der Natur noch vorkommenden stabilen Kohlenstoffisotopen C12 und C13 zum instabilen C14 ist mit 98,9 : 1,1 : 0,0000000001 heute genau so groß wie vor langer Zeit.

In allen lebenden Organismen betrug und beträgt dann wegen der stoffwechselbedingten Aufnahme von Kohlenstoff das Verhältnis von C14 zu C13-Kernen stets $k_0 = 0{,}0000000001 : 1{,}1$. Nach ihrem Tod wird es aber wegen der fehlenden Aufnahme von Kohlenstoff und dem Zerfalls des C14 kleiner.

Aus dem in einem toten Organismus gefundenen Verhältnis $k = N_{C14} : N_{C13}$ und der bekannten Halbwertszeit $T = 5730$ a von C14 lässt sich berechnen, dass der Organismus vor

$$t = \frac{5730}{\ln 2} \cdot \ln \frac{k_0}{k} \text{ Jahren}$$

gestorben ist. Aus $N_{C14}(t) = N_{C14}(0) \cdot e^{-\frac{\ln 2}{T} \cdot t}$ folgt nämlich:

$$t = \frac{T}{\ln 2} \cdot \ln \frac{N_{C14}(0)}{N_{C14}(t)} = \frac{T}{\ln 2} \cdot \ln \frac{\frac{N_{C14}(0)}{N_{C13}}}{\frac{N_{C14}(t)}{N_{C13}}} = \frac{T}{\ln 2} \cdot \ln \frac{k_0}{k}.$$

Durch die Verbrennung **fossiler Brennstoffe** wird CO_2 mit einem **extrem niedrigen Anteil an C14** freigesetzt. Lebewesen, die dieses „fossile CO_2" in verstärktem Maße aufnehmen, weisen einen zu kleinen C14-Anteil auf und werden nach der Radiokarbonmethode zu alt datiert.

Zur **experimentellen Bestätigung** des **Gesetzes vom radioaktiven Zerfall** verwendet man eine im Sättigungsbereich betriebene Ionisationskammer und füllt sie mit dem Gas Rn220, das gemäß 13

$$^{220}_{86}\text{Rn} \xrightarrow[\alpha]{T_1 = 55\,\text{s}} {}^{216}_{84}\text{Po} \xrightarrow[\alpha]{T_2 = 0{,}16\,\text{s}} {}^{212}_{82}\text{Pb} \xrightarrow[\beta^-]{T_3 = 11\,\text{h}} {}^{212}_{83}\text{Bi}$$

durch 2 α und einen β^--Zerfall in stabiles Wismut 212 übergeht (siehe Abbildung). Da β^--Teilchen praktisch nicht zum Ionisationsstrom beitragen und $T_2 \ll T_1$, trägt der Zerfall von Rn220 zum Ionisationsstrom so bei, als zerfiele Rn220 unter Emission *eines* α-Teilchens, das in der Kammer genau so viele Elektronen-Ionen-Paare erzeugt wie die beiden von Rn und Po emittierten α-Teilchens zusammen. Die radioaktiven Folgeprodukte stören den exponentiellen Zerfall nicht.

Die Messung des Ionisationsstroms als Funktion der Zeit zeigt, dass seine Stärke exponentiell nach der Beziehung

$$I(t) = I(0) \cdot e^{-\lambda \cdot t}$$

abnimmt. Unter Verwendung von $I(t) \sim \dot{N}(t)$ erhält man daraus durch Integration nach der Zeit das Zerfallsgesetz.

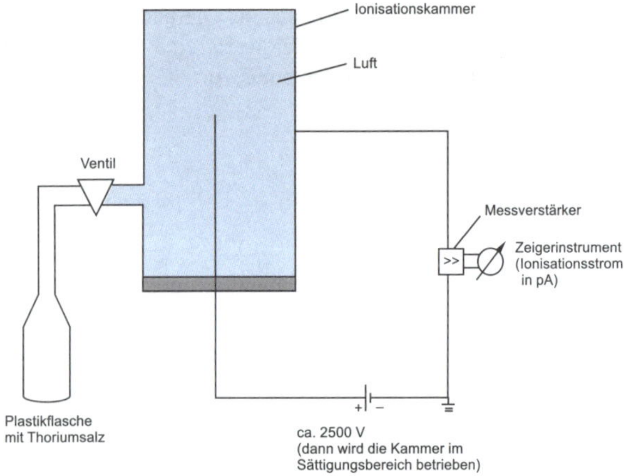

14 In einer Zerfallsreihe

$$X \underset{\lambda_X}{\overset{T_X}{\rightarrow}} Y \underset{\lambda_Y}{\overset{T_Y}{\rightarrow}} Z$$

mit großer Halbwertszeit T_X und wesentlich kleinerer Halbwertszeit T_Y stellt sich nach einer gewissen Zeit ein **radioaktives Gleichgewicht** ein. Dann gehen der Substanz Y in der Zeitspanne Δt genau so viele Kerne ΔN_Y durch Zerfall verloren, wie durch Zerfall der Substanz X an Kernen ΔN_X nachgeliefert werden.

Während einer bestimmten Zeit verhalten sich dann die Zahlen der Radionuklide in den Substanzen X und Y umgekehrt wie die zugehörigen Zerfallskonstanten:

$$\frac{N_X}{N_Y} = \frac{\lambda_Y}{\lambda_X}.$$

22 Neutronen

Freie Neutronen sind instabil. Sie wandeln sich gemäß 1

$$ {}_0^1\mathrm{n} \rightarrow {}_1^1\mathrm{p} + {}_{-1}^{\ 0}\mathrm{e}^- + {}_0^0\overline{\nu} $$

mit einer Halbwertszeit von 888 s unter Emission eines Elektrons und eines Antineutrinos in ein Proton um. Die beim Neutronenzerfall entstehenden Teilchen sind nicht im Neutron enthalten.

Dieser **Zerfall** ist **bei Neutronen** in stabilen Kernen energetisch nicht 2 möglich. Es ist nämlich mehr Energie erforderlich, ein im Kern gebundenes Neutron auf das Nullniveau des Neutronentopfes zu heben, als beim anschließenden Zerfall dieses freien Neutrons und beim Einbau des beim Zerfall entstandenen Protons in den Protonentopf an Energie insgesamt frei wird.

Neutronen lassen sich nach ihren kinetischen Energien **klassifizieren**. 3 Man spricht im Allgemeinen von
a) schnellen Neutronen, wenn $E_{kin} \geq 1$ MeV;
b) mittleren Neutronen, wenn $100\ \mathrm{eV} \leq E_{kin} < 1$ MeV;
c) langsamen Neutronen, wenn $E_{kin} < 100$ eV.
Thermische Neutronen sind Neutronen, die sich im thermischen Gleichgewicht mit dem Medium befinden, durch das sie diffundieren. Ein Gas thermischer Neutronen besitzt also die Temperatur des umgebenden Mediums. Meist haben thermische Neutronen kinetische Energien unter 0,1 eV und gehören damit zu den langsamen Neutronen. Bei der Zimmertemperatur von 20° C beträgt die kinetische Energie thermischer Neutronen 0,038 eV. Langsame Neutronen oberhalb des thermischen Bereichs bezeichnet man als **epithermisch**.

Neutronen wechselwirken beim Durchtritt durch **Materie** als un- 4 geladene Teilchen nur mit den Atomkernen, nicht mit der Elektronenhülle. Sie erfahren elastische oder inelastische Streuung oder lösen andere Kernreaktionen wie (n; α)-, (n; p)-, (n; 2n)-Reaktionen aus. Wegen der geringen Reichweite der Kernkräfte und der kleinen räumlichen Ausdehnung der Kerne sind solche Wechselwirkungen selten. Daher durchdringen auch energiearme Neutronen dicke Materieschichten. Da die Richtung der bei Kernreaktionen ausgeschleuderten Neutronen fast nie mit der Einschussrichtung übereinstimmt, hat man den Eindruck, dass sich Neutronen auf regellosen Zickzack-Bahnen durch Materie bewegen.

5 Freie Neutronen kommen wegen ihrer Instabilität in der Natur kaum vor und müssen erzeugt werden.

a) Die ergiebigsten **Neutronenquellen** sind Kernreaktoren. Sie liefern im Experimentierkanal pro Sekunde ca. 10^{14} Neutronen auf 1 cm^2 strahlende Fläche.

b) Beschießt man Kerne mit Deuteronen extrem hoher Energien, so löst sich beim Aufprall die Bindung des Deuterons, das Proton bleibt im Kern stecken, während das Neutron mit der halben kinetischen Energie weiterfliegt. Mit Deuteronenenergien von ca. 200 MeV kann man so **schnelle Neutronen** von ca. 100 MeV kinetischer Energie erzeugen.

c) **Schnelle Neutronen** gewinnt man in der Schule mit der Kernreaktion

$$ {}^{9}_{4}\mathrm{Be} + {}^{4}_{2}\mathrm{He} \rightarrow {}^{12}_{6}\mathrm{C} + {}^{1}_{0}\mathrm{n}. $$

Man schließt hierzu ein Gemisch aus Radiumsulfat als α-Teilchen-Quelle und Berylliumpulver in ein Metallröhrchen, durch dessen Wand nur die Neutronen nach außen treten können. Im Durchschnitt erhält man je 4000 α-Teilchen ein Neutron.

d) Zur **Erzeugung langsamer** Neutronen können schnelle Neutronen in Moderatoren auf thermische Energien abgebremst werden. Ein Moderator erfüllt seine Aufgabe umso besser, je schneller er abbremst und je weniger Neutronen er einfängt. Unter diesen Gesichtspunkten sind Deuteronen ideale Moderatoren.

e) **Langsame Neutronen** gewinnt man z. B. mit dem Kernfotoeffekt

$$ {}^{9}_{4}\mathrm{Be} + \gamma \rightarrow 2\,{}^{4}_{2}\mathrm{He} + {}^{1}_{0}\mathrm{n}, $$

indem man ein Berylliumtarget mit γ-Quanten der Energie ≈ 2 MeV beschießt.

6 Neutronen werden von normalen Zählrohren nicht angezeigt, da sie das Zählrohrgas nicht ionisieren. Zum **Nachweis schneller Neutronen** kleidet man die Innenwand eines Zählrohrs mit Paraffin aus.

Aus dieser stark wasserstoffhaltigen Substanz schlagen die ins Zählrohr eindringenden Neutronen Protonen heraus, die als ionisierende Teilchen vom Zählrohr angezeigt werden.
Die Energie **thermischer Neutronen** reicht zum Herausschlagen von Protonen aus Paraffin nicht aus. Zu ihrem Nachweis füllt man das Zählrohr mit einem borhaltigen Gas. Mit den Borkernen reagieren die Neutronen entsprechend

$$^{10}_{5}B + ^{1}_{0}n \rightarrow ^{7}_{3}Li + ^{4}_{2}He.$$

Der **Neutronennachweis** gelingt indirekt über die Registrierung der bei dieser Reaktion entstandenen energiereichen α-Teilchen. Da die Wahrscheinlichkeit für diese Kernreaktion mit zunehmender Geschwindigkeit der Neutronen erheblich sinkt, eignet sie sich nicht zum Nachweis schneller Neutronen.

Trifft ein Strahl langsamer Neutronen mit unterschiedlichen Ge- 7
schwindigkeitsbeträgen aber einheitlicher Richtung auf eine polykristalline Substanz hinreichender Dicke, so treten dahinter ohne Richtungsveränderung nur Neutronen aus, deren Geschwindigkeitsbetrag kleiner als $\frac{h}{2 \cdot m_n \cdot d}$ ist. Solche Neutronen können nämlich wegen

$$\lambda = \frac{h}{m_n \cdot v} > 2d$$

die Bragg-Bedingung $2 \cdot d \sin \alpha_k = k \cdot \lambda$ nicht erfüllen, da $\sin \alpha_k > 1$. Schnellere dagegen werden durch Bragg-Reflexionen aus dem Strahl entfernt. m_n bezeichnet dabei die Neutronenruhemasse und d den Netzebenenabstand der Mikrokristallite.

23 Kernreaktionen

Unter einer **Kernreaktion** versteht man die Umwandlung von Atom- 1
kernen, die durch Wechselwirkung mit Elementarteilchen oder Kernen hervorgerufen wird.
Bei fast allen einfachen Kernreaktionen trifft ein Geschossteilchen a auf einen Kern A. Der beschossene Kern heißt **Targetkern**. Es entsteht ein Folgekern B und ein Teilchen b fliegt davon.
Man schreibt: $\mathbf{A + a \rightarrow B + b}$ oder kurz $\mathbf{A(a, b)\,B}$.

2 Nach dem Einfang eines Geschossteilchens a durch den Targetkern A stehen für Weiteres die kinetischen Energien der Partner A und a in ihrem Schwerpunktsystem und die beim Einbau von a in den Kern A frei werdende Bindungsenergie zur Verfügung. Man spricht von einer

a) **direkten Reaktion**, wenn diese Energien sehr schnell, innerhalb der Zeitspanne von ca. 10^{-22} s, die ein Nukleon zum Durchfliegen des Kerns benötigt, auf ein anderes Teilchen im Kern übertragen werden, das dann den Kern verlässt.

b) **Compound-Reaktion**, wenn sich diese Energien statistisch auf viele Nukleonen verteilen. Unmittelbar nach dem Einfang von a besitzt dann kein Nukleon genügend Energie zum Verlassen des Kerns. Ein Zwischenkern hat sich gebildet, der verschiedenartig zerfallen kann, z. B.

$$^{14}_{7}\mathrm{N} + ^{4}_{2}\mathrm{He} \rightarrow ^{18}_{9}\mathrm{F}^{*} \qquad ^{18}_{9}\mathrm{F}^{*} \begin{array}{l} \rightarrow ^{17}_{8}\mathrm{O} + ^{1}_{1}\mathrm{H} \\ \rightarrow ^{17}_{9}\mathrm{F} + ^{1}_{0}\mathrm{n} \end{array}$$

Wegen der komplizierten Änderung der Energieverteilung sammelt sich erst nach längerer Zeit bei einem Kernteilchen so viel Energie an, dass es den Kern verlassen kann.

Compound- Reaktionen laufen um den Faktor 10^{6} langsamer ab als direkte Reaktionen. Die Emissionsrichtung von b hängt nicht von der Einschussrichtung von a ab.

3 Bei einer **elastischen Streuung** bleibt das Geschoss entweder außerhalb des Kerns, indem es z. B. als geladenes Teilchen Coulombwechselwirkung mit dem Kern macht (z. B. Rutherford-Streuung (→ 7|6), oder es dringt in den Kern ein, der dann ein gleichartiges Teilchen wieder emittiert. Der Kern ändert in beiden Fällen seinen Energiezustand nicht. Auch die gesamte kinetische Energie des Systems Kern/Geschoss ändert sich bei der elastischen Streuung nicht. Das Geschossteilchen erleidet jedoch durch den „Zusammenstoß" mit dem im Allgemeinen ruhenden Kern einen Verlust an kinetischer Energie.

4 Bei einer **unelastischen Streuung** dringt das Geschoss in den Targetkern ein. Dieser übernimmt von der Geschossenergie und der Bindungsenergie einen Teil, geht in einen angeregten Energiezustand über und emittiert ein Teilchen, das von derselben Art wie a

ist, aber weniger kinetische Energie besitzt. Aus dem angeregten Zustand kehrt der Kern durch γ-Emission in den Grundzustand zurück.

Bei einer **Austauschreaktion** sind ankommendes und davon fliegendes Teilchen sowie Target- und Folgekern jeweils nicht von gleicher Art. Austauschreaktionen können direkte Reaktionen wie ^{35}Cl (d, p) ^{36}Cl oder Compound-Reaktionen wie ^{14}N (α, p) ^{17}O sein. 5

Unter dem **Kernfotoeffekt** versteht man die Absorption eines γ-Quants durch einen Kern mit anschließender Emission von Protonen, Neutronen oder α-Teilchen. 6
Der Vorgang kann in Analogie zum Fotoeffekt (→ 1|1) gesehen werden, bei dem die Absorption eines Photons die Ablösung eines Elektrons aus der Atomhülle bewirkt. So wie der Fotoeffekt nur dann zu beobachten ist, wenn das Photon eine größere Energie als die Auslösearbeit besitzt, so tritt der Kernphotoeffekt nur dann auf, wenn das γ-Quant mindestens die Bindungsenergie des „abzulösenden" Nukleons mitbringt.
Für niederenergetische γ-Quanten liegt beim Kernphotoeffekt meist eine Compound-Reaktion $A + \gamma \to A^* \to B + b$ vor, für höherenergetische γ-Quanten ist eine direkte Reaktion wahrscheinlicher.
Die Reaktion $^2_1H + \gamma \to {}^1_1H + {}^1_0n$ wird auch als **Fotodissoziation** des Deuterons bezeichnet.

Bei einer **Stripping-Reaktion** wird ein Nukleon oder eine Nukleonengruppe ohne Bildung eines Zwischenkerns vom einfallenden Teilchen durch den Targetkern abgestreift und mit ihm vereinigt. Häufig sind Stripping-Reaktionen vom Typ (d, n) und (d, p), bei denen wegen der relativ schwachen Bindung zwischen Proton und Neutron der Targetkern vom Deuteron das Neutron abstreift, während das Proton weiterfliegt oder umgekehrt. Bei Deuteronenenergien von einigen MeV ist die Reaktion (d, p) wahrscheinlicher, bei höheren Energien sind (d, p) und (d, n) gleich wahrscheinlich. 7

Bei **Pick-up-Reaktionen** absorbiert das vorbei fliegende Geschossteilchen umgekehrt, ohne Bildung eines Zwischenkerns, ein Nukleon oder eine Nukleonengruppe aus dem Targetkern. 8

9 Nach dem Beschuss eines schweren Kerns mit einem Teilchen, dessen kinetische Energie über 100 MeV liegt, kann der angeregte Zwischenkern eine mehr oder weniger große Anzahl von Protonen, Neutronen, α-Teilchen oder anderen Teilchen abgeben:

$${}^{238}_{92}\mathrm{U}(\alpha; 20\mathrm{p}\ 35\mathrm{n})\ {}^{187}_{74}\mathrm{W} \quad \text{oder} \quad {}^{65}_{29}\mathrm{Cu}\,(\mathrm{d}; 15\mathrm{p}\ 20\mathrm{n})\,{}^{32}_{15}\mathrm{P}.$$

Man spricht von **Kernsplitterung**, **partieller Kernverdampfung** oder **Spallation**.

10 Für den Physikunterricht **wichtige Kernreaktionen** sind:

a) Erste von Rutherford 1919 entdeckte künstliche Kernumwandlung: ${}^{14}_{7}\mathrm{N}\,(\alpha; \mathrm{p})\,{}^{17}_{8}\mathrm{O}$
b) Erzeugung schneller Neutronen: ${}^{9}_{4}\mathrm{Be}\,(\alpha; \mathrm{n})\,{}^{12}_{6}\mathrm{C}$
c) Erzeugung langsamer Neutronen: ${}^{9}_{4}\mathrm{Be}\,(\gamma; \mathrm{n})\,2\,{}^{4}_{2}\mathrm{He}$
d) Nachweisreaktion für langsame Neutronen: ${}^{10}_{5}\mathrm{B}\,(\mathrm{n}; \alpha)\,{}^{7}_{3}\mathrm{Li}$
e) Reaktion, die zur Entdeckung der Positronenstrahlung durch das Ehepaar Joliot führte: ${}^{27}_{13}\mathrm{Al}(\alpha; \mathrm{n})\,{}^{30}_{15}\mathrm{P}$
f) Erste künstliche Kernumwandlung mittels technisch beschleunigter Teilchen durch Cockcroft und Walton 1932: ${}^{7}_{3}\mathrm{Li}\,(\mathrm{p}; \alpha)\,{}^{4}_{2}\mathrm{He}$
g) Aktivierung durch Neutronenbeschuss: ${}^{107}_{47}\mathrm{Ag}\,(\mathrm{n}; \gamma)\,{}^{108}_{47}\mathrm{Ag}$

11 Die Wahrscheinlichkeit für eine Kernreaktion steigt mit der Aufenthaltsdauer des Geschossteilchens in Kernnähe, ist also für langsame Geschosse größer als für schnelle. Geladene Geschossteilchen müssen aber den Coulombwall des Targetkerns überwinden. Langsame, geladene Teilchen können daher überhaupt keine Kernreaktion auslösen. Für die ungeladenen Neutronen gibt es dagegen keinen Coulombwall. Die langsamen **thermischen Neutronen** sind somit **ideale Geschosse** für die Auslösung von Kernreaktionen.

12 Die Erfahrung zeigt, dass nur solche Kernreaktionen bzw. Teilchenprozesse möglich sind, bei denen neben der Energie, dem Impuls und dem Drehimpuls auch die **Ladungszahl**, die **Baryonenzahl** und die **Leptonenzahl** erhalten bleiben (→ 31|4 und 31|14). Die Tabelle zeigt die Zuordnung der genannten Zahlen auf die im Unterricht behandelten Elementarteilchen. Es gibt noch weitere „Erhaltungszahlen“, die aber im Schulunterricht keine Rolle spielen.

	p	$\bar{p}$	n	$\bar{n}$	e^-	e^+	γ	ν	$\bar{\nu}$
Ladungszahl Q	+1	–1	0	0	–1	+1	0	0	0
Baryonenzahl B	+1	–1	+1	–1	0	0	0	0	0
Leptonenzahl L	0	0	0	0	+1	–1	0	+1	–1

Bezeichnet ΔN die Zahl der Geschosse, die von insgesamt N Geschossen eine bestimmte Kernreaktion bewirkt haben, und n die Anzahl der Targetkerne pro Volumeneinheit im durchstrahlten Volumen V der Querschnittsfläche A und der Dicke Δx, so gilt: 13

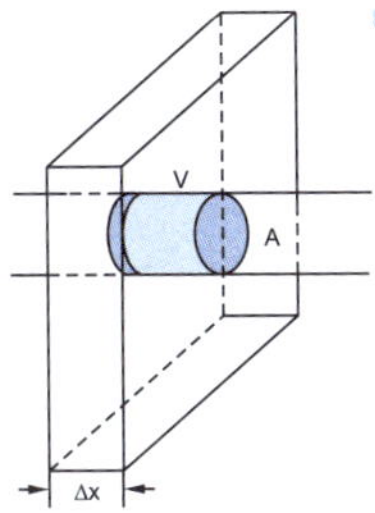

$$\frac{\Delta N}{N} = \sigma \cdot n \cdot \Delta x = \sigma \cdot n \cdot \frac{V}{A}.$$

σ heißt **Wirkungsquerschnitt** der Kernreaktion und besitzt die Dimension einer Fläche. Er wird oft als die Zielfläche veranschaulicht, die ein Targetkern dem Geschoss bietet, stimmt aber nicht mit seiner geometrischen Querschnittsfläche überein.

Erstellung und Auswertung der **Energiebilanz einer Kernreaktion** $a + A \rightarrow B + b$ werden durch die Verwendung der **Wärmetönung**, auch **Q-Wert** genannt, erleichtert. Darunter versteht man die Differenz 14

$$Q = (E_B + E_b) - (E_A + E_a).$$

E_B, E_b, E_A, E_a bezeichnen jeweils die Summe aus der **kinetischen Energie** des betreffenden Teilchens und der Energie, mit der es eventuell über dem Grundzustand angeregt ist. Der **Q-Wert** lässt sich auch als Differenz der **Ruheenergien** der Edukte und Produkte darstellen:

$$Q = (m_{0a} + m_{0A} - m_{0B} - m_{0b}) \cdot c^2.$$

Dabei bezeichnen m_{0a}, m_{0A}, m_{0B}, m_{0b} jeweils die Ruhemassen der betreffenden Teilchen.

a) Der Q-Wert einer Kernreaktion hängt nicht von der Wahl des Bezugssystems ab.
b) Bei **$Q < 0$** ist die Reaktion mit Absorption von Energie verbunden und heißt **endotherm**.

c) Bei **$Q > 0$** ist die Reaktion von Energieabgabe begleitet und heißt **exotherm**.

d) Bei der Berechnung des Q-Wertes aus den Ruheenergien dürfen nur Atom- oder Nuklidmassen, nicht jedoch Kernmassen verwendet werden.

e) Bei Kernreaktionen mit γ-Quanten rechnet man deren Energien beim Q-Wert zu den kinetischen Energien.

15 Fängt ein ruhender Targetkern A der Ruhemasse m_{0A} ein Kerngeschoss a der Ruhemasse m_{0a} ein, so bewegt sich das System A/a unmittelbar danach mit einer von null verschiedenen Geschwindigkeit. Im nichtrelativistischen Fall beträgt die kinetische Energie des Systems A/a

$$E_{kin,\,A/a} = \frac{m_{0a}}{m_{0A} + m_{0a}} \cdot E_{kin,\,a}\,.$$

16 Exotherme Reaktionen sind energetisch stets möglich, endotherme Reaktionen $a + A \rightarrow B + b$ können bei ruhendem Targetkern A nur dann ablaufen, wenn die kinetische Energie des Geschossteilchens a die Mindestenergie

$$E_{min} = \frac{m_{0a} + m_{0A}}{m_{0A}} \cdot |Q|$$

überschreitet. m_{0A} und m_{0a} bezeichnen dabei die Ruhemassen der Edukte, Q die Wärmetönung der Reaktion.

17 Unter **Aktivierung** versteht man die Erzeugung radioaktiver Atomkerne durch Neutronenbeschuss, im erweiterten Sinn auch durch Bestrahlung mit anderen Teilchen wie Protonen, α-Teilchen, Deuteronen, γ-Quanten. Die erste Aktivierung gelang 1934. Beim Beschuss des stabilen, in der Natur vorkommenden Al27 mit α-Teilchen entstand das Radioisotop P30, das wegen seiner kleinen Halbwertszeit von 2,5 min in der Natur nicht vorkommt:

$${}^{27}_{13}\mathrm{Al}(\alpha, n)\,{}^{30}_{15}\mathrm{P} \xrightarrow[2{,}5\,\mathrm{min}]{} {}^{30}_{14}\mathrm{Si} + {}^{0}_{1}\mathrm{e}^{+}$$

Setzt man eine Probe zur Aktivierung einem Neutronenfluss aus, so hängt die Zahl $N_a(t)$ der zum Zeitpunkt t aktivierten Kerne gemäß 18

$$N_a(t) = N_S \cdot (1 - e^{-\lambda \cdot t})$$

von der Aktivierungsdauer t ab. N_S bezeichnet die Maximalzahl von Kernen, die durch Aktivierung verfügbar gemacht werden kann. Sie ist erreicht, wenn pro Zeiteinheit genau so viele Kerne durch radioaktiven Zerfall verloren gehen wie durch Aktivierung in der gleichen Zeit nachgeliefert werden. λ ist die Zerfallskonstante des durch Aktivierung entstandenen Radionuklids.

24 Der Alphazerfall

Beim α-Zerfall 1

$${}^{A}_{Z}X_1 \xrightarrow{\alpha} {}^{A-4}_{Z-2}X_2 + {}^{4}_{2}He$$

emittiert der Kern einen ${}^{4}_{2}$He-Kern. Die Massenzahl des Folgekerns ist um 4 Einheiten kleiner, seine Kernladungszahl um 2.

Ein **α-Zerfall** ist **energetisch** nur **möglich**, wenn gilt: 2

$$Q = [m_A({}^{A}_{Z}X_1) - m_A({}^{A-4}_{Z-2}X_2) - m_A({}^{4}_{2}He)] \cdot c^2 > 0.$$

Geht ein ruhender, im Grundzustand befindlicher Kern A durch α-Zerfall in den Tochterkern B über, so beträgt die kinetische Energie des α-Teilchens höchstens 3

$$E_{kin,\alpha} = \frac{m_B}{m_B + m_\alpha} \cdot Q.$$

m_α, m_B bezeichnen die Ruhemassen des α-Teilchens und des Tochterkerns B, Q die Zerfallsenergie. Der emittierende Kern übernimmt den Rest der Zerfallsenergie in Form kinetischer **Rückstoßenergie**.

Klassisch ist der α-Zerfall nicht erklärbar. 4

Legt man die seit Rutherford bekannten Daten der Kernradien zugrunde (→ 14|1), so müssten α-Teilchen, die sich vom Kernrand aus dem Wirkungsbereich der Kernkräfte lösen, aufgrund der elektrostatischen Abstoßung wesentlich größere kinetische Energien besitzen, als tatsächlich gemessen werden.

5 Erst der **quantenmechanische Tunneleffekt** ermöglicht die **Erklärung**: Beim Zusammenbau aus 2 Protonen und 2 Neutronen wird das α-Teilchen im Kerntopf durch die frei werdende Bindungsenergie in eine gewisse Höhe E_0 über dem Nullniveau gehoben. Es kann das nach der klassischen Physik verbotene Gebiet zwischen A und B mit umso größerer Wahrscheinlichkeit „durchtunneln", je kleiner $\overline{AB}$ ist. Der Tunneleffekt ist eine Folge der Heisenberg'schen Unschärferelation (→ 6|4), nach der das α-Teilchen während der Zeit Δt, die es zum Durchsetzen des Potenzialwalles bräuchte, keine scharf definierte Energie besitzt. Seine Energie liegt im Intervall

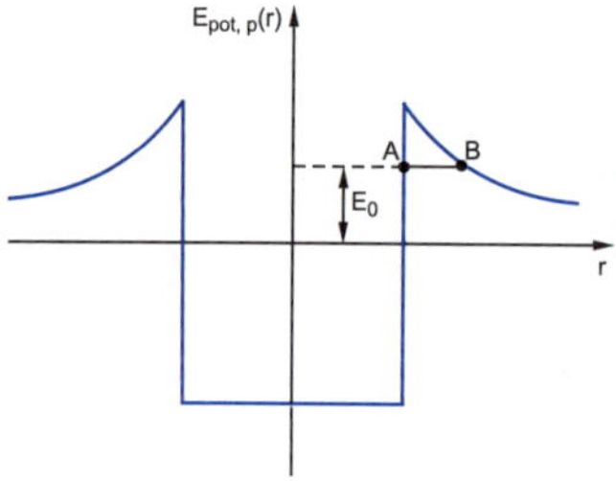

$$\left] E_0 - \frac{h}{2 \cdot \pi \cdot \Delta t}, E_0 + \frac{h}{2 \cdot \pi \cdot \Delta t} \right[.$$

Kurzfristig kann es als so genannten Heisenbergkredit auch größere Energien als E_0 besitzen und damit den Potenzialwall überwinden. Je kürzer $\overline{AB}$, desto kleiner ist Δt, desto größer ist ΔE und desto wahrscheinlicher ist ein Überwinden des Potenzialwalles.

6 Je größer die **kinetische Energie eines α-Teilchen** ist, desto höher wurde es bei seiner Bildung im Kerntopf angehoben, desto kürzer ist die „Tunnelstrecke" $\overline{AB}$, desto wahrscheinlicher ist seine Emission und desto kleiner ist die Halbwertszeit des α-Strahlers. **Geiger und Nutall** gaben diesem Zusammenhang die mathematische Form

$$\ln \lambda = a + b \cdot \ln E_{kin} .$$

Dabei sind λ die **Zerfallskonstante** des α-Strahlers, E_{kin} die kinetische Energie der emittierten α-Teilchen und a, b Konstanten, die nur davon abhängen, welcher Zerfallsreihe der α-Strahler angehört.

7 Mit dem **Geiger-Nutall-Gesetz** kann man die Halbwertszeit T eines α-Strahlers aus der Reichweite der emittierten α-Teilchen ermitteln. Mit der Formel für die Reichweite von α-Teilchen in Luft berechnet man E_{kin} (→ 9|11), mithilfe von Geiger-Nutall lässt sich dann die Zerfallskonstante λ und daraus T bestimmen.

Schwere Nuklide sind instabil, weil sie „zu viele“ Nukleonen besitzen. Sie versuchen durch Emission „möglichst vieler“ Nukleonen in einen stabileren Zustand zu gelangen. Die **Gründe, warum** dabei weder leichtere noch schwerere Teilchen, sondern **nur α-Teilchen emittiert** werden, sind: 8

a) Im Vergleich zu leichteren Teilchen wie ${}^{2}_{1}H$, ${}^{3}_{1}H$, ${}^{3}_{2}He$ oder einzelnen Nukleonen weisen α-Teilchen eine wesentlich höhere Bindungsenergie pro Nukleon auf (→ 15|8), werden beim Zusammenbau im Kerntopf wesentlich höher gehoben und tunneln mit wesentlich größerer Wahrscheinlichkeit.

b) Beim Zusammenbau schwererer Teilchen wird zwar mehr Energie frei, dafür wächst aber die Höhe des Coulombwalls mit zunehmender Kernladungszahl so stark an, dass ein Tunneln unwahrscheinlicher wird.

Das **α-Energiespektrum** eines Kerns besteht aus diskreten Linien, die um einige 100 keV gegeneinander verschoben sind. 9

Beim α-Zerfall von Bi212 ergibt die magnetspektrometrische Analyse der emittierten α-Teilchen z. B. fünf Gruppen mit den in der Tabelle genannten Energien und Häufigkeiten. Das Diagramm zeigt das zugehörige α-Energiespektrum.

Nr.	Energie in MeV	Häufigkeit in %
5	6,20	27,2
4	6,16	69,8
3	5,87	1,8
2	5,73	0,1
1	5,71	1,1

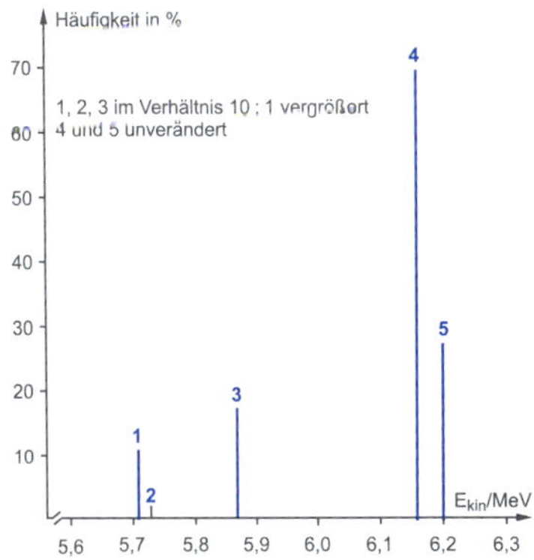

10 Der α-Zerfall eines Kerns lässt sich übersichtlich in einem **Zerfallsschema** darstellen. Vereinfacht ist nebenstehend der α-Zerfall des Ra226 wiedergegeben:

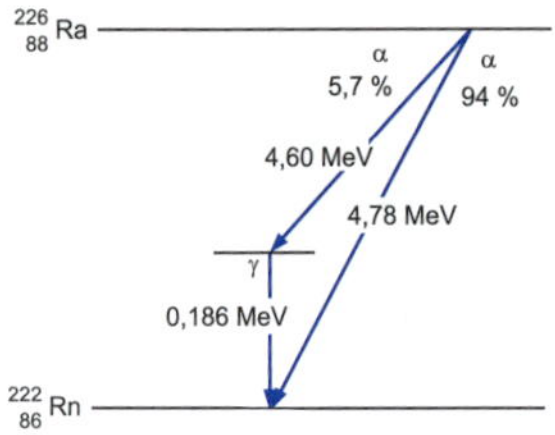

a) Ra 226 zerfällt unter Emission eines α-Teilchens in Rn 222.
b) Bei 94 % aller Zerfälle ist der Folgekern nicht angeregt, die emittierten α-Teilchen besitzen die kinetische Energie 4,78 MeV.
c) Bei 5,7 % aller Zerfälle ist der Folgekern mit 0,186 MeV über dem Grundzustand angeregt.
d) Die dabei emittierten α-Teilchen besitzen die entsprechend kleinere Energie 4,60 MeV.
e) Der angeregte Radonkern kehrt unter Emission eines γ-Quants der Energie 0,186 MeV in den Grundzustand zurück.

25 Der Betazerfall

1 Als Betazerfall wird jeder Kernzerfall bezeichnet, bei dem sich die Kernladungszahl Z um eine Einheit ändert und die Massenzahl A unverändert bleibt. Man beobachtet **drei Arten des Betazerfalls**: den β^--Zerfall, den β^+-Zerfall und den Elektroneneinfang, abgekürzt EC (= electron capture).

2 Von den Betazerfällen macht man sich folgende Modellvorstellung:

a) Beim **β^--Zerfall** wandelt sich im Kern ein Neutron in ein Proton um. Dabei werden ein Elektron und ein Antineutrino emittiert:

$$^1_0\text{n} \rightarrow {}^1_1\text{p} + {}^{\;\,0}_{-1}\text{e}^- + {}^0_0\overline{\nu}.$$

Die Kernladungszahl nimmt um eine Einheit zu, das Element rückt im Periodensystem um eine Stelle nach rechts.

b) Beim **β^+-Zerfall** wandelt sich im Kern ein Proton in ein Neutron um. Dabei werden ein Positron und ein Neutrino emittiert:

$$^1_1\text{p} \rightarrow {}^1_0\text{n} + {}^0_1\text{e}^+ + {}^0_0\nu.$$

Die Kernladungszahl nimmt um eine Einheit ab, das Element rückt im Periodensystem um eine Stelle nach links.

c) Beim **Elektroneneinfang** fängt der Kern aus der Elektronenhülle ein Elektron ein und wandelt ein Proton in ein Neutron um. Dabei wird ein Neutrino emittiert:

$$^{1}_{1}p + ^{0}_{-1}e^{-} \rightarrow ^{1}_{0}n + ^{0}_{0}\nu.$$

Die Kernladungszahl nimmt um eine Einheit ab, das Element rückt im Periodensystem um eine Stelle nach links.

Auch beim β^{+}- und β^{-}-Zerfall besitzt der Folgekern rückstoßbedingt 3
die kinetische Energie

$$E_{kin} = \frac{m_0}{m_T + m_0} \cdot Q,$$

wobei m_T bzw. m_0 die Ruhemassen des Folgekerns bzw. des Elektrons und Q die Zerfallsenergie bezeichnen. Wegen $m_T \gg m_0$ sind Rückstoßeffekte beim β-Zerfall aber vernachlässigbar klein.

Liegt ein Kern in der **Nuklidkarte** oberhalb der **Stabilitätslinie**, so 4
kann er seinen relativen Protonenüberschuss entweder durch β^{+}- Zerfall oder EC abbauen. Da die K-Elektronenschale umso näher am Kern ist, je größer die Kernladungszahl ist, zeigen Kerne mit großer Ladung fast ausschließlich EC. Bei Kernen mit kleiner Kernladungszahl treten beide Prozesse auf. Liegt der Kern unterhalb der Stabilitätslinie, so hat er relativen Neutronenüberschuss, den er durch einen β^{-}-Zerfall abbauen kann. Es gibt auch Radionuklide, bei denen alle drei Prozesse beobachtet werden können, z. B. Cu64. Der einzelne Cu64-Kern durchläuft aber jeweils nur einen der drei Prozesse.

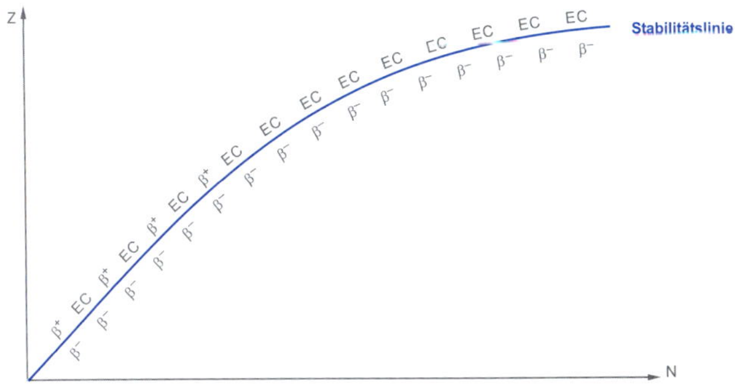

5 Bei jeder **EC-Umwandlung** eines Radionuklids tritt **charakteristische Röntgenstrahlung** (→ 12|9) auf, wenn die durch den Elektroneneinfang in der K- oder L-Schale entstandene Lücke von einem Elektron aus einer höheren Schale aufgefüllt wird.
Manchmal wird das Röntgenquant nicht abgestrahlt, sondern bewirkt die Freisetzung eines Elektrons aus einer äußeren Schale, macht also quasi einen inneratomaren Fotoeffekt. Dieser Vorgang heißt **Auger-Effekt** (→ 12|12).

6 Nur bei positivem Q-Wert der zugehörigen Zerfallsgleichung ist ein Betazerfall energetisch möglich.
Bezeichnen $m_A({}^{A}_{Z}X)$ bzw. $m_N({}^{A}_{Z}X)$ die Atom- bzw. Nuklidmasse eines Nuklids X der Ordnungszahl Z und der Massenzahl A, so gilt für die

a) **β^--Umwandlung** ${}^{A}_{Z}X_1 \rightarrow {}_{Z+1}^{\;\;A}X_2 + {}^{\;\,0}_{-1}e^- + {}^{0}_{0}\overline{\nu}$

bei Verwendung der Nuklidmassen:

$$Q = [m_N({}^{A}_{Z}X_1) - m_N({}_{Z+1}^{\;\;A}X_2) - m({}^{\;\,0}_{-1}e^-)] \cdot c^2$$

bei Verwendung der Atommassen:

$$Q = [m_A({}^{A}_{Z}X_1) - m_A({}_{Z+1}^{\;\;A}X_2)] \cdot c^2$$

b) **β^+-Umwandlung** ${}^{A}_{Z}X_1 \rightarrow {}_{Z-1}^{\;\;A}X_2 + {}^{\;\,0}_{+1}e^+ + {}^{0}_{0}\nu$

bei Verwendung der Nuklidmassen:

$$Q = [m_N({}^{A}_{Z}X_1) - m_N({}_{Z-1}^{\;\;A}X_2) - m({}^{\;\,0}_{+1}e^+)] \cdot c^2$$

bei Verwendung der Atommassen:

$$Q = [m_A({}^{A}_{Z}X_1) - m_A({}_{Z-1}^{\;\;A}X_2) - m({}^{\;\,0}_{-1}e^-) - m({}^{\;\,0}_{+1}e^+)] \cdot c^2$$

c) **EC-Umwandlung** ${}^{A}_{Z}X_1 + {}^{\;\,0}_{-1}e^- \rightarrow {}_{Z-1}^{\;\;A}X_2 + {}^{0}_{0}\nu$

bei Verwendung der Nuklidmassen:

$$Q = [m_N({}^{A}_{Z}X_1) - m({}^{\;\,0}_{-1}e^-) - m_N({}_{Z-1}^{\;\;A}X_2)] \cdot c^2$$

bei Verwendung der Atommassen:

$$Q = [m_A({}^{A}_{Z}X_1) - m_A({}_{Z-1}^{\;\;A}X_2)] \cdot c^2$$

Bei einer EC-Umwandlung wird wegen 7

$$Q_{EC} - Q_{\beta^+} = m({}_{-1}^{0}e^-) \cdot c^2 + m({}_{+1}^{0}e^+) \cdot c^2$$
$$= 0{,}511\,\text{MeV} + 0{,}511\,\text{MeV}$$

stets um 1,022 MeV mehr Energie frei als beim β^+-Zerfall. Ist die Energiedifferenz zwischen Ausgangs- und Endkern kleiner als 1,022 MeV, so findet nur Elektroneneinfang statt.

Zur Aufnahme des **Energiespektrums von β^--Teilchen** lässt man sie in einem homogenen Magnet-feld der Flussdichte $\vec{B}$ auf einem durch Bleiblenden Bl_1, Bl_2, Bl_3 fest vorgegebenem Kreisbogen vom Radius r in ein Zählrohr laufen und misst die Zählrate in Abhängigkeit von $\vec{B}$. Die kinetische Energie der registrierten Teilchen ergibt sich aus (E_0 = Elektronenruheenergie) 8

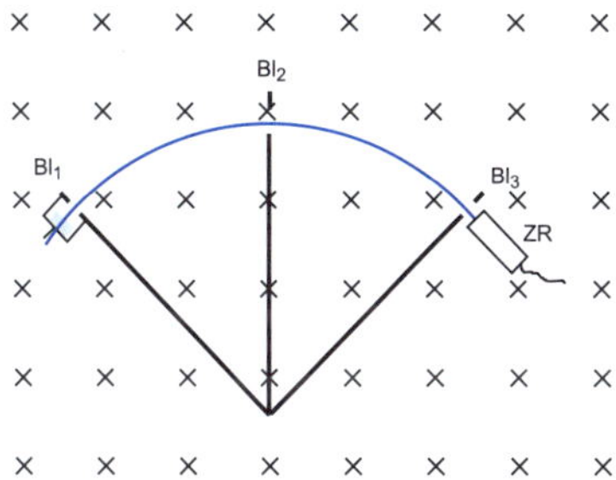

$$E_{kin} = \sqrt{E_0^2 + (B \cdot e \cdot r \cdot c)^2} - E_0.$$

Trägt man in einem kartesischen Koordinatensystem E_{kin} gegen die Zählrate an, erhält man das dargestellte Energiespektrum:

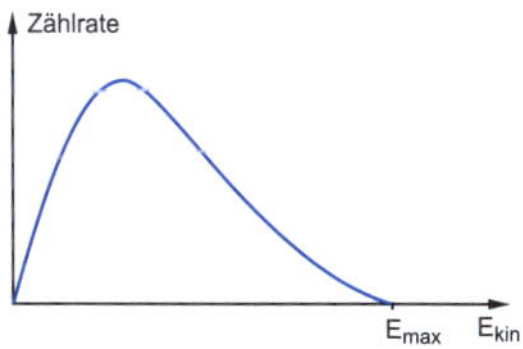

a) Es ist kontinuierlich und nicht diskret.
b) Es beginnt bei $E_{kin} = 0$ und erstreckt sich bis zu einer scharf definierten oberen Grenzenergie E_{max}, der Zerfallsenergie.
c) Das Maximum der Zählrate liegt je nachdem, ob die β^--Teilchen von schweren bzw. leichten Kernen emittiert worden sind, bei ungefähr $\frac{1}{3}E_{max}$ bzw. $\frac{1}{2}E_{max}$.

9 Das **Energiespektrum der β^--Teilchen** war ohne Kenntnis des Antineutrinos unverständlich, weil die β^--Teilchen im Mittel weniger Energie als die Zerfallsenergie aufwiesen. Die Vermutung, dass die β^--Teilchen zwar mit der diskreten Zerfallsenergie emittiert werden, aber einen Teil davon im Präparat verlieren, wurde durch kalorimetrische Messungen widerlegt. Pauli postulierte 1930 daher, dass außer dem Elektron noch ein zweites Teilchen, das **Antineutrino** ausgeschleudert werden muss, das die Differenz $E_{max} - E_{kin}$ und einen Impuls so übernimmt, das Energie- und Impulssatz gültig bleiben.

10 **Neutrinos**

a) besitzen eine sehr kleine, nur schwer messbare Ruhemasse, die kleiner als $\frac{1}{250}$ der Ruhemasse des Elektrons ist,
b) sind ungeladen,
c) bewegen sich fast mit Lichtgeschwindigkeit und
d) besitzen eine äußerste schwache Wechselwirkung mit Materie und daher ein äußerst großes Durchdringungsvermögen.

11 Zerfallsprodukte und -wahrscheinlichkeiten sowie Energieumsetzungen bei Betazerfällen lassen sich übersichtlich in **Zerfallsschemata** darstellen. Beispielhaft ist nebenstehender Betazerfall des Radioisotops Kalium 40 wiedergegeben:

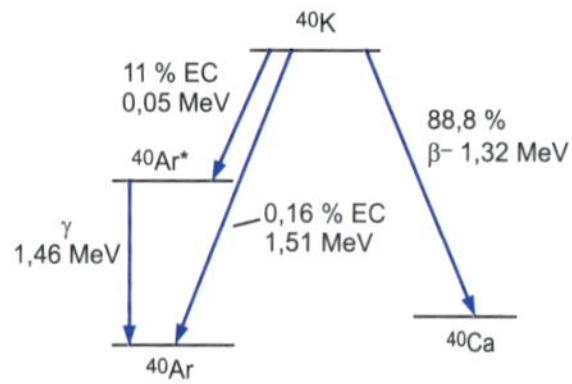

a) K40 geht mit einer Wahrscheinlichkeit von 0,888 durch β^--Zerfall in Ca40 und mit einer Wahrscheinlichkeit von 0,112 durch Elektroneneinfang in Ar40 über.
b) Nach dem β^--Zerfall befindet sich der Folgekern im Grundzustand. Die Zerfallsenergie 1,32 MeV teilt sich auf Elektron und Antineutrino auf.
c) Beim Elektroneneinfang entsteht mit einer Wahrscheinlichkeit von 0,11 ein angeregter Ar40 Kern, der durch Emission eines γ-Quants der Energie 1,46 MeV in den Grundzustand zurückkehrt. Mit einer Wahrscheinlichkeit von 0,0016 führt der Elektroneneinfang auf einen nicht angeregten Ar40 Kern.
d) Die Energie des abgestrahlten Neutrinos beträgt im ersten Fall 0,05 MeV, im zweiten 1,51 MeV.

26 Der Gammazerfall

γ-Strahlung wird nur im Anschluss an α- oder β-Zerfälle oder bei Kernreaktionen von Atomkernen emittiert. Sie entsteht beim Übergang eines angeregten Kerns in den Grundzustand oder in einen weniger angeregten Zustand. Dabei ist die Energie eines abgestrahlten γ-Quants gleich der Energiedifferenz zwischen Anfangs- und Endniveau. Da Kerne nur ganz bestimmte diskrete Energieniveaus besitzen, ist das **γ-Emissionsspektrum** eines Kerns ein diskretes Linienspektrum. 1

Beim β^--Zerfall von Bi212 entsteht z. B. der angeregte Zwischenkern Po*212, der unter Emission von γ-Quanten der Energien $E_{\gamma_1} = 1{,}801$ MeV; $E_{\gamma_2} = 1{,}513$ MeV; $E_{\gamma_3} = 1{,}074$ MeV; $E_{\gamma_4} = 0{,}786$ MeV; $E_{\gamma_5} = 0{,}727$ MeV in den Grundzustand zurückkehrt. Nebenstehendes **Zerfallsschema** zeigt die zugehörigen Übergänge. 2

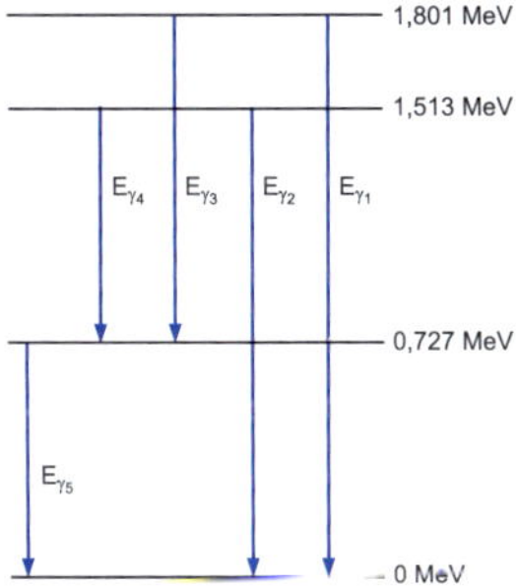

Geht ein angeregter, ruhender Kern der Ruheenergie E_0 durch Emission eines γ-Quants der Energie E_γ in den Grundzustand über, so erhält er **rückstoßbedingt** die **kinetische Energie** 3

$$E_{kin} = \frac{E_\gamma^2}{2 \cdot E_0}.$$

Wegen $E_\gamma \ll E_0$ ist die Rückstoßenergie meist vernachlässigbar klein.

Absorbiert ein Kern γ-Strahlung, deren Energie exakt gleich einer seiner Anregungsenergien ist, so spricht man von **Resonanzabsorption**. Sie müsste mit großer Wahrscheinlichkeit auftreten, wenn die von einem Kern emittierte γ-Strahlung auf einen anderen Kern der gleicher Art trifft. Der Frequenzbereich der γ-Strahlung wird aber bei Emission und Absorption durch Rückstoßeffekte und Dopplereffekt 4

– bedingt durch die Wärmebewegung der beteiligten Kerne – so verbreitert, dass Resonanzabsorption in der Praxis nicht mit der erwarteten Stärke zu beobachten ist.

5 Unter dem **Mößbauer-Effekt** versteht man die rückstoßfreie Kernresonanzfluoreszenz, bei der die von einem Kern emittierte γ-Strahlung von einem anderen Kern der gleichen Art absorbiert wird.
Die erwähnte Frequenzverbreiterung (→26|4) lässt sich vermeiden, wenn man die beteiligten Kerne in einen gut gekühlten Kristall einbaut und so dem γ-Quant Gelegenheit gibt, den Rückstoß nicht auf einen einzigen Kern, sondern auf das gesamte Kristallgitter zu übertragen. Die große Masse des Kristallgitters verhindert dann eine Übertragung von kinetischer Energie aufgrund der Stoßgesetze (Ball-gegen-die-Wand-Effekt). Die Kühlung des Gitters ist zur Herabsetzung des thermischen Dopplereffekts notwendig.

6 In der Kernphysik versteht man unter **Isomerie** die Erscheinung, dass bei ein und demselben radioaktiven Isotop unterschiedlich lange Halbwertszeiten auftreten, weil der Zerfall aus energetisch verschieden angeregten Zuständen desselben Atomkerns stattfindet.
So zerfällt z. B. Co60 unter Aussendung von β^--Teilchen und γ-Quanten mit den Halbwertszeit 10,7 min und 5,3 a in Ni60.

27 Paarprozesse

1 Als **Paarbildung** bezeichnet man den Prozess, bei dem ein hochenergetisches Photon in ein Elektron-Positron-Paar umgewandelt wird:

$$\gamma \rightarrow e^+ + e^-.$$

2 Dieser Prozess ist prinzipiell wegen der Einstein'schen Äquivalenz zwischen Energie und Masse möglich. Da die Reaktionsprodukte Elektron und Positron den Impuls des γ-Quants aber nicht vollständig abtransportieren können, finden Paarbildungsprozesse nur in unmittelbarer Nähe eines Hilfsteilchens statt, das den Impulsüberschuss aufnimmt.

Die **Mindestenergie E_{min}** eines γ-Quants für einen **Paarbildungsprozess** beträgt 3

$$E_{min} = 2 \cdot m_0 \cdot c^2 \cdot \left(1 + \frac{m_0}{M_0}\right).$$

M_0 bzw. m_0 bezeichnen dabei die Ruhemassen des Hilfsteilchens bzw. des Elektrons. Je größer die Masse des Hilfsteilchens ist, desto kleiner ist die Schwellenenergie E_{min}. Bei Kernen beträgt sie ungefähr $E_{min} \approx 2 \cdot m_0 \cdot c^2$, bei Elektronen $E_{min} = 4 \cdot m_0 \cdot c^2$.

Paarbildung ist mit einer Nebelkammer **nachweisbar**, die von einem 4 Magnetfeld durchsetzt wird, wenn ein γ-Strahl hinreichender Energie auf ein geeignetes Target trifft. Die Bahnen des Elektrons und des Positrons hinter dem Target sind dann entgegengesetzt gekrümmt.

Allgemein ist die Paarbildung von Teilchen und Antiteilchen nicht 5 nur aus Photonen, sondern aus den jeweiligen Feldquanten (→ 31|2) im Feld eines Hilfsteilchens möglich, vorausgesetzt das Feldquant besitzt ausreichend Energie.

Beim Zusammenstoß eines Elektrons und eines Positrons ist **Paarvernichtung** oder **Annihilation** möglich. Dabei verschwinden die 6 Teilchen und ihre Energie tritt in Form von einem oder mehreren γ-Quanten auf. Dieser Prozess ist prinzipiell wieder wegen der Einstein'schen Äquivalenz zwischen Masse und Energie möglich.

Da im Schwerpunktsystem der Gesamtimpuls von Positron und Elek- 7 tron null ist, kann eine **Einphotonen-Paarvernichtung** nur nahe eines dritten Teilchens stattfinden, das den Impuls $p_{\gamma\text{-Quant}}$ aufnimmt.

Paarvernichtungen, bei denen zwei oder drei γ-Quanten entstehen, 8 sind auch ohne Beteiligung eines Hilfsteilchens möglich.

Allgemein entstehen bei der Paarvernichtung eines Teilchens und 9 seines Antiteilchen immer die Quanten der zugehörigen Wechselwirkung. Nukleon und Antinukleon zerstrahlen nicht in γ-Quanten, sondern in π-Mesonen (→ 31|10 und 31|13).

28 Physikalische Grundlagen der Kernspaltung

1 Bei einer **angeregten Kernspaltung** zerfällt ein Kern durch eine Kernreaktion, z. B. mit einem Neutron, in zwei größere Kernbruchstücke, anstatt wie bei sonstigen Kernreaktionen nur einzelne Nukleonen oder Alphateilchen zu emittieren.
Bei der wesentlich seltener vorkommenden **spontanen Kernspaltung** spaltet der Kern ohne vorherige Absorption eines Teilchens.

2 **Modellhaft** stellt man sich vor, dass bei einer **angeregten Kernspaltung** ein Neutron in den Kern K eindringt. Kurzzeitig bildet sich ein

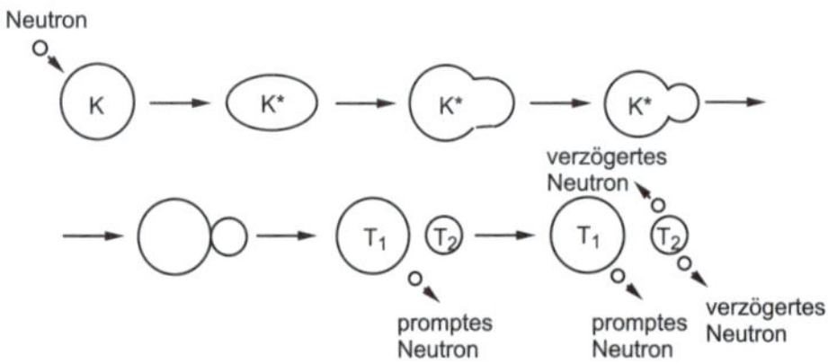

Zwischenkern K*. Die beim Neutroneneinbau frei werdende Bindungsenergie und die vom Neutron im Schwerpunktsystem mitgebrachte kinetische Energie versetzen den Zwischenkern in Schwingungen. Bei ausreichend starker Verformung schnürt er sich ein. Da an dieser „Einschnürstelle" der Zusammenhalt nur durch die Kernkräfte einiger weniger Nukleonen bewirkt wird, können die längerreichweitigen, elektrostatischen Abstoßungskräfte zwischen den Protonen die Überhand gewinnen – es kommt zur Spaltung in zwei kleinere Kerne T_1, T_2.

3 Die **Spaltprodukte** sind **vielfältig**. Selten sind ihre Massen gleich oder fast gleich, wesentlich häufiger verhalten sie sich wie 2 : 3.

4 Bei der **Spaltung** eines schweren in zwei mittelschwere Kerne wird pro Nukleon ein **Energiebetrag** von ca. 1 MeV **frei**, da Nukleonen in mittelschweren Kernen um diesen Betrag stärker gebunden sind als in schweren Kernen (→15|8). Etwa 85 % dieser Energie tauchen in Form kinetischer Energien der beiden Tochterkerne auf, die restlichen 15 % findet man als Anregungsenergien der Tochterkerne und als kinetische Energien der Neutronen.

Bei jeder Spaltung eines schweren Kerns werden im Mittel 2 bis 3 **schnelle Neutronen** frei, von denen ca. 99 % unmittelbar mit der Spaltung freigesetzt werden. Sie heißen **prompt**. Nur relativ selten erfolgt die Neutronenemission durch die Spaltprodukte mit messbaren Halbwertszeiten von 1 s bis 100 s. Solche Neutronen heißen **verzögert**. 5
Prompte und verzögerte Neutronen können ihrerseits wieder Kerne spalten und dabei wieder Neutronen freisetzen. Dadurch steigert sich die Zahl der Neutronen und der gespaltenen Kerne lawinenartig, man spricht von einer **Kettenreaktion**.

Wegen ihrer geringen Wechselwirkung mit Materie können Neutronen das Spaltmaterial verlassen, ohne eine Spaltung ausgelöst zu haben. Ist zu wenig Spaltmaterial vorhanden, sind diese Neutronenverluste so groß, dass eine Kettenreaktion nicht zustande kommt. Da die Oberfläche einer Kugel (und damit die Neutronenverluste durch die Oberfläche) mit r^2 wächst, während das Volumen (und damit die Zahl der Kerne, d. h. der potenziellen Neutronenquellen) mit r^3 zunimmt, gehen diese Verluste bei einem kugelförmigen Spaltmaterial mit wachsendem Kugelradius, relativ gesehen, zurück. 6
Ab einer bestimmten Menge hält sich eine einmal gestartete Kettenreaktion selbst aufrecht. Die kleinste Masse, für die dies zutrifft, nennt man **kritische Masse**.

Kerne, die nur durch schnelle Neutronen gespalten werden können, eignen sich nicht als **Kernbrennstoffe**, da sie durch Neutronen, die durch Streuung Energie eingebüßt haben, nicht mehr gespalten werden können. Verwendung finden nur solche Materialien, für deren Spaltung das Neutron keine kinetische Energie mitbringen muss, die allein durch die beim Neutroneneinbau freiwerdende Bindungsenergie gespalten werden können. 7

Da die **Wahrscheinlichkeit für eine Kernspaltung** mit sinkender Neutronenenergie steigt, kann man durch Abbremsung der bei der Spaltung frei werdenden schnellen Neutronen die kritische Masse eines Kernreaktors senken. 8

9 Eine Neutronen abbremsende Substanz heißt **Moderator**. Ein guter Moderator sollte

a) eine möglichst geringe Einfangwahrscheinlichkeit für Neutronen besitzen

b) und die Abbremsung rasch bewerkstelligen.

Da ein Neutron beim Stoß auf einen Moderatorkern umso mehr Energie überträgt, je kleiner dessen Masse ist, wäre Deuterium $^{2}_{1}H$ der ideale Moderatorstoff. Aus Kostengründen verwendet man aber normalen Wasserstoff $^{1}_{1}H$, obwohl er eine größere Tendenz zur Neutronenabsorption als $^{2}_{1}H$ aufweist, oder Kohlenstoff $^{12}_{6}C$.

29 Grundlagen der Reaktortechnik

1 Eine Vorrichtung, in der die Kettenreaktion von außen her steuerbar abläuft, heißt **Kernreaktor**. In **Leistungsreaktoren** erzeugt die bei der Kernspaltung frei werdende Energie Dampf zum Antrieb von Turbinen. Nach 60 Jahren technischer Entwicklung haben sich in Europa und Amerika bei den Leistungsreaktoren heterogene, wassermoderierte Reaktoren durchgesetzt, die nach folgendem Prinzip aufgebaut sind.

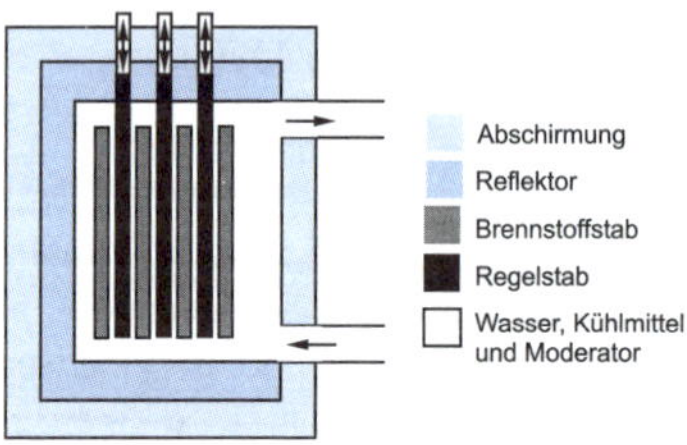

2 a) Der **Brennstoff** ist in Form von **Brennstäben** in normales Wasser eingebettet.

b) Dieses Wasser bremst als **Moderator** die aus den Brennstäben austretenden Spaltneutronen, nimmt als **Kühlmittel** die bei der Spaltung frei werdende Energie in Form von Wärme auf und führt sie, von Umwälzpumpen angetrieben, aus dem Reaktor ab.

c) Den aus Moderator und Brennstoffstäben bestehenden **Reaktorkern** umgibt ein **Neutronenreflektor**, der möglichst viele aus dem Reaktorkern entweichende Neutronen zurückstreuen soll.

d) Die aus Neutronen absorbierendem Material bestehenden **Regelstäbe** regeln und steuern je nach Einführtiefe den Neutronenfluss und damit die Kettenreaktion.
e) Reaktorkern und Reflektor werden zum Schutz der Außenwelt mit einem Neutronen und **γ-Strahlung abschirmenden** Material umgeben.

Als **Brennstoff** bieten sich die **gu-Kerne** U235 und Pu239 an. U235 ist zu 0,7 % im Natururan enthalten, Plutonium 239 entsteht während des Reaktorbetriebs aus Uran 238 durch Neutroneneinfang und zwei anschließende β^--Zerfälle. In hinreichend groß dimensionierten Leichtwasserreaktoren (→ 29 | 4) genügt aber Natururan, dessen Anteil an U235 durch Isotopentrennungsverfahren (→ 29 | 7) auf ungefähr 2,7 % **„angereichert"** wird. 3

Je nachdem, ob es sich bei dem Wasserstoff im moderierenden und kühlenden Wasser um normalen Wasserstoff ^1_1H oder um Deuterium ^2_1H handelt, spricht man von **Leicht- oder Schwerwasserreaktoren**. Die meistgebauten Reaktoren sind Leichtwasserreaktoren. 4

Die Brennstoffmenge in einem Reaktor ist so dimensioniert, dass sie unterkritisch wird, sobald man die verzögerten Neutronen wegfängt. So wird es trotz des Zeitaufwandes für das mechanische Ein- und Ausfahren von Regelstäben möglich, die Kettenreaktion aus- und einzuschalten **(Steuerung)** oder so einzustellen, dass eine gewünschte Energieabgabe erfolgt **(Regelung)**. 5

6 Technisch sind wassermoderierte Reaktoren ausgeführt als **Siedewasserreaktor**

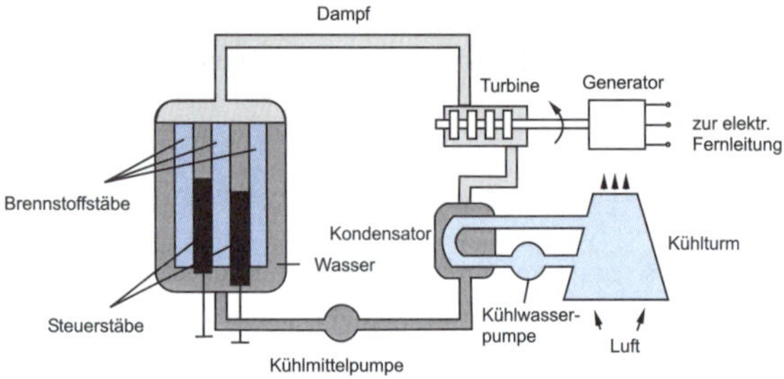

oder als **Druckwasserreaktor**

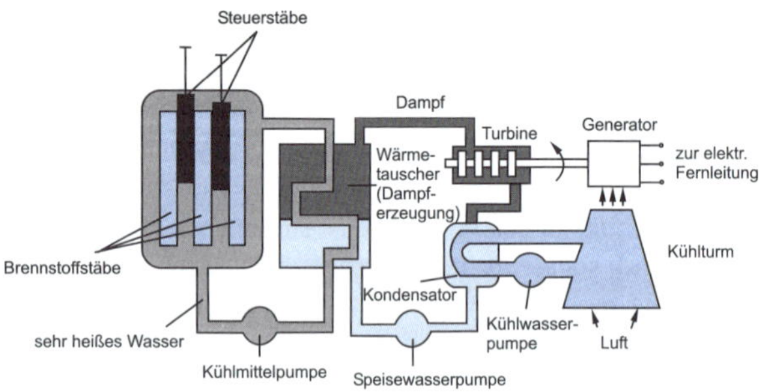

Bei beiden Reaktortypen wird **normales Wasser als Kühlmittel und Moderator** verwendet. Dies ist im Gegensatz zu graphitmoderierten Reaktoren ein Sicherheitsvorteil, da bei einem Kühlmittelverlust der Moderator fehlt und die Kettenreaktion nicht mehr effektiv moderiert wird. Im gewissen Umfang wird auch eine **Eigensteuerung des Reaktors** ermöglicht. Steigt nämlich mit zunehmender Spaltrate die Temperatur des Wassers, sinkt seine Dichte und damit die pro Volumeneinheit zur Verfügung stehende Zahl an Moderatorkernen. Die Neutronen werden nicht mehr so effektiv gebremst, die Spaltrate sinkt wieder.

Die Reaktortypen unterscheiden sich in folgenden Merkmalen:

Siedewasserreaktor

- Der Siedewasserreaktor hat nur **einen Kühlkreislauf**. Die bei der Kernspaltung frei werdende Energie erzeugt im Reaktorkern Dampf, der direkt der Turbine zugeführt wird.
- Bei Schäden an den Brennelementen kann radioaktives Material über den Dampf in die Turbine gelangen.
- Die Regelstäbe zur Steuerung der Kettenreaktion müssen wegen der oben im Reaktordruckgefäß erfolgenden Dampftrocknung **von unten** eingeführt werden. Bei einer eventuellen Schnellabschaltung können sie nicht „von allein" in den Reaktorkern fallen.
- Da sie von Dampf und Wasser umgeben sind, **brennen** die Brennstäbe **nicht gleichmäßig** auf ganzer Länge **ab**.

Druckwasserreaktor

- Der Druckwasserreaktor besitzt **zwei Kühlkreisläufe**. Im Primärkreislauf befindet sich nur flüssiges Wasser, das unter hohem Druck auch bei hohen Temperaturen nicht gasförmig wird und als Flüssigkeit Wärme besser abführt als Wasserdampf.
- Dieses sehr heiße Wasser erzeugt im Wärmetauscher Dampf, der einer Turbine zugeführt wird. Dampf und **Turbine** werden **nicht radioaktiv kontaminiert**.
- Da keine Dampftrocknung erforderlich ist, kann die Steuerung der Kettenreaktion **von oben** erfolgen. Die **Regelstäbe** können bei einer Schnellabschaltung „von allein" in den Reaktorkern fallen.
- Der **Abbrand** erfolgt wesentlich **gleichmäßiger**, da die Wärme auf ganzer Länge nur durch Wasser abtransportiert wird.

Der Spaltstoff U235 wird aus Natururan durch **Isotopentrennung** 7
gewonnen. Die wichtigsten diesbezüglichen technischen Verfahren sind das Diffusionsverfahren nach Hertz, das Trennrohrverfahren nach Clusius und die Isotopentrennung in einer Gaszentrifuge.

a) Beim **Diffusionsverfahren** wird das gasförmige Isotopengemisch durch ein Rohr mit einer feinporigen Membran gepumpt, durch welche die leichteren Isotope schneller diffundieren als die schwereren. Hinter der Membran ist die Konzentration der leichteren Isotope höher, davor die der schwereren. Durch stufenweise Wiederholung des Verfahrens kann die Trennung verbessert werden.

b) Das **Trennrohr nach Clusius** ist ein langes, vertikales Rohr, das von außen gekühlt, während ein Draht in der Rohrachse elektrisch geheizt wird. Von dem gasförmigen Isotopengemisch innerhalb des Rohrs sammeln sich die leichteren Isotope in Drahtnähe, die schwereren an der Rohrwand an. Das wärmere Gas des leichteren Isotops steigt dann am Heizdraht nach oben, während das kältere Gas des schwereren Isotops an der kalten Wand nach unten strömt.

c) In einer mit etwa 700 Umdrehungen pro Sekunde rotierenden **Gaszentrifuge** reichern sich die leichteren Isotope des gasförmigen Isotopengemischs an der Achse der Zentrifuge, die schwereren an der Wand an.

8 Das angereicherte Uran wird in Form kleiner gesinterter UO_2-Tabletten in ein verschweißtes Hüllrohr aus einer Edelmetalllegierung, den **Brennstab**, eingefüllt. (Unter Sintern versteht man die Verfestigung des Urandioxidpulvers durch Zusammenwachsen der Kristallite bei geeigneter Erwärmung). Ein **Brennelement** besteht aus mehreren, parallel zueinander in quadratischer Gitteranordnung angebrachten Brennstäben und einer kleineren Anzahl von Regelstäben, die parallel zu den Brennstäben in das Brennelement ein- oder ausgeführt werden können (vgl. Abbildung).

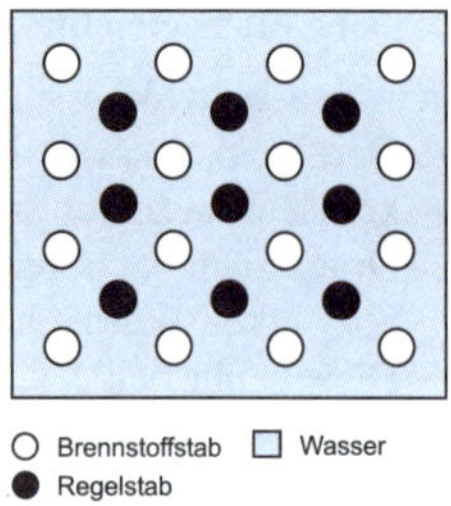

9 Während seines Aufenthalts im Reaktorkern nimmt in einem **Brennstab** wegen der Kernspaltung der U235-Anteil ab und die Anzahl unerwünschter, Neutronen absorbierender Spaltprodukte zu. Zugleich sinkt die mechanische Stabilität der Hüllrohre, wodurch die Kettenreaktion zu erliegen droht und die Gefahr der Freisetzung radioaktiver Spaltprodukte steigt. Brennelemente gelten daher nach etwa 3 Jahren als **„abgebrannt"** und werden durch neue ersetzt.

10 In einem „abgebrannten Brennelement" befindet sich ein bemerkenswert hoher Anteil von U235- und Pu239-Kernen. Unter **Wiederaufarbeitung** versteht man einen Prozess, bei dem in einem ersten Schritt die Brennstäbe mechanisch zerkleinert und in einem zweiten chemischen Schritt die wertvollen Spaltstoffe U235 und Pu239 extrahiert werden, die bei der Fertigung neuer Brennstäbe wieder Verwendung finden.

Für eine **Wiederaufarbeitung** spricht der sparsame Umgang mit den Kernbrennstoffressourcen. **Dagegen** sprechen 11
a) die hohen Kosten einer Wiederaufarbeitungsanlage,
b) die Abgabe von relativ großen Mengen Radioaktivität an die Umwelt, auch bei störungsfreiem Betrieb der Anlage,
c) der störanfällige und risikobehaftete Betrieb einer Wiederaufarbeitungsanlage,
d) der Anfall großer Mengen Plutoniums, das in hochreiner Form zum Bau von Kernwaffen eingesetzt werden kann.

Im radioaktiven Abfall befinden sich u. a. auch hochradiotoxische 12
Radionuklide mit außerordentlich langen Halbwertszeiten. Das Hauptproblem bei der **Endlagerung** dieser Abfälle besteht darin, diese hochgefährlichen Radionuklide über sehr lange Zeiträume von der belebten Welt absolut sicher fernzuhalten, bis die Aktivität durch den radioaktiven Zerfall auf ein unbedenkliches Maß gesunken ist.

Das Problem der **Endlagerung** ist weltweit **nicht gelöst**. In Deutsch- 13
land wurden lediglich schwach- und mittelaktive Abfälle versuchsweise in Salzstöcken eingelagert. Das sind Salzablagerungen, die sich vor ca. 100 Millionen Jahren gebildet und seitdem kaum verändert haben. Ihre Eignung für hochaktive Abfälle steht in Frage.

30 Kernfusion

Der Verlauf der mittleren Bindungsenergie pro Nukleon (→ 15|8) 1
zeigt, dass bei der Verschmelzung zweier Atomkerne mit kleiner Masse Energie frei wird.

Zur **Einleitung eines Fusionsprozesses** müssen sich die Reaktions- 2
partner gegen die elektrische Abstoßung der positiv geladenen Kerne so weit nähern, dass die stärkeren anziehenden Kernkräfte mit ihrer

kurzen Reichweite die Coulombkräfte übertreffen. Die erforderliche Energie liegt größenordnungsmäßig im MeV-Bereich und kann mit technischen Beschleunigern realisiert werden. Die dabei erzielte Anzahl an Kernfusionen ist aber für eine technische Nutzung zu gering.

3 Für die **kontrollierte Kernfusion** in einem Reaktor ist die Deuterium-Tritium-Reaktion

$$^{2}_{1}\mathrm{H} + ^{3}_{1}\mathrm{H} \rightarrow ^{4}_{2}\mathrm{He} + ^{1}_{0}\mathrm{n} + 17{,}6\,\mathrm{MeV}$$

am günstigsten, da
a) sie die geringste Ausgangsenergie der Reaktionspartner erfordert,
b) die dabei entstehenden schnellen Neutronen den Reaktor verlassen und Energie nach außen transportieren können,
c) der Ausgangsstoff Deuterium in unbegrenzter Menge im Wasser vorhanden ist und das seltenere Tritium relativ einfach erbrütet werden kann,
d) außer Tritium keine radioaktiven Stoffe beteiligt sind.

4 Die zur **Fusion** vorgesehenen Teilchen müssen im Reaktor bei Temperaturen zwischen 10^8 und 10^9 K als so genanntes **Plasma** längere Zeit eingeschlossen werden. Dann würde die in ihrer Wärmebewegung steckende Energie zur Überwindung der Coulombabstoßung ausreichen. Die hieraus resultierenden **Hauptprobleme** bestehen darin,
a) Vorrichtungen zu finden, welche die Teilchen bei so hohen Temperaturen für längere Zeit zusammenhalten, und
b) so hohe Temperaturen so lange zu erzeugen, dass der Fusionsprozess in Gang kommt.

5 Lösungsversuche in dieser Richtung bestehen darin, das heiße Plasma durch magnetische Felder zusammenzuhalten und den **Pincheffekt** auszunutzen. Dabei schnürt ein durch eine Plasmasäule fließender elektrischer Strom durch sein Magnetfeld das Plasma ein, komprimiert es und heizt es damit auf.
Alternativ versucht man ca. 1 mm große, mit Wasserstoff gefüllte und im Vakuum befindliche Pellets durch Hochenergielaser- oder Schwerionenstrahlbeschuss zur Implosion zu bringen. Die daraus folgende starke Komprimierung des Wasserstoffs führt zu einer extremen Er-

hitzung und zur Entstehung fusionsfähigen Plasmas. Die Schwierigkeiten sind jedoch so groß, dass bis heute kein kontinuierlich arbeitender Fusionsreaktor entwickelt werden konnte.

In **Sternen** werden die abstoßenden Coulombkräfte durch die große Gravitation überwunden. Welche **Kernfusionen** ablaufen, hängt von der Temperatur und von der Art der vorhandenen Teilchen ab. Die drei wichtigsten Prozesse sind 6
a) der Proton-Proton-Zyklus,
b) die Helium-Reaktion,
c) der CNO- oder Bethe-Weizsäcker-Zyklus.

Bei Temperaturen, die über $5 \cdot 10^6$ K liegen, wird der gesamte Sternkern zu einem Fusionsreaktor, in dem der **Proton-Proton-Zyklus** abläuft: 7

$$(1)\quad {}^1_1\text{H} + {}^1_1\text{H} \rightarrow {}^2_1\text{H} + e^+ + \nu + 0{,}42\ \text{MeV}$$

$$(2)\quad {}^2_1\text{H} + {}^1_1\text{H} \rightarrow {}^3_2\text{He} + \gamma + 5{,}49\ \text{MeV}$$

Jeweils zwei der auf diese Weise gebildeten He3-Kerne vereinigen sich zu einem He4-Kern:

$$(3)\quad {}^3_2\text{He} + {}^3_2\text{He} \rightarrow {}^4_2\text{He} + {}^1_1\text{H} + {}^1_1\text{H} + 12{,}85\ \text{MeV}$$

Die pp-Reaktion spielt bei der Energieerzeugung unserer Sonne eine entscheidende Rolle.

Bei Temperaturen zwischen $1{,}2 \cdot 10^7$ K und $1{,}7 \cdot 10^7$ K tritt neben die pp-Reaktion der **Bethe-Weizsäcker-** oder **CNO-Zyklus**. 8

$$(1)\quad {}^{12}_6\text{C} + {}^1_1\text{p} \rightarrow {}^{13}_7\text{N} + \gamma + 1{,}95\ \text{MeV}$$

$$(2)\quad {}^{13}_7\text{N} \rightarrow {}^{13}_6\text{C} + {}^0_1e^+ + \nu + 1{,}19\ \text{MeV}$$

$$(3)\quad {}^{13}_6\text{C} + {}^1_1\text{p} \rightarrow {}^{14}_7\text{N} + \gamma + 7{,}55\ \text{MeV}$$

$$(4)\quad {}^{14}_7\text{N} + {}^1_1\text{p} \rightarrow {}^{15}_8\text{O} + \gamma + 7{,}35\ \text{MeV}$$

$$(5)\quad {}^{15}_8\text{O} \rightarrow {}^{15}_7\text{N} + {}^0_1e^+ + \nu + 1{,}68\ \text{MeV}$$

$$(6)\quad {}^{15}_7\text{N} + {}^1_1\text{p} \rightarrow {}^{12}_6\text{C} + {}^4_2\text{He} + 4{,}96\ \text{MeV}$$

Der Kohlenstoff ist am Ende des Zyklus wieder in der ursprünglichen Form vorhanden; das erinnert an die Rolle eines Katalysators bei einer chemischen Reaktion.

9 Steigt die Zentraltemperatur eines Sterns auf über 10^8 K, beginnt die **Umwandlung von Helium** in Kohlenstoff:

$$(1)\quad {}^{4}_{2}\mathrm{He} + {}^{4}_{2}\mathrm{He} \rightarrow {}^{8}_{4}\mathrm{Be} - 0{,}094\ \mathrm{MeV}$$

$$(2)\quad {}^{8}_{4}\mathrm{Be} + {}^{4}_{2}\mathrm{He} \rightarrow {}^{12}_{6}\mathrm{C} + 7{,}40\ \mathrm{MeV}$$

Ein kleiner Teil der C12-Kerne reagiert mit He4-Kernen. Dabei wird Sauerstoff gebildet:

$${}^{12}_{6}\mathrm{C} + {}^{4}_{2}\mathrm{He} \rightarrow {}^{16}_{8}\mathrm{O} + 4{,}92\ \mathrm{MeV}.$$

31 Ausblick auf die Teilchenphysik

Das heutige Wissen über die Elementarteilchen und ihre Wechselwirkungen wird im Standardmodell der Elementarteilchenphysik zusammengefasst. Es beinhaltet 12 Teilchen und 12 Antiteilchen. Die Kräfte zwischen diesen Teilchen werden durch den Austausch so genannter Eich-Bosonen vermittelt.

1 Es gibt insgesamt **vier Fundamentalkräfte**, auf die sich alle Kraftwirkungen zurückführen lassen:

a) die **starke Kraft**, verantwortlich für den Zusammenhalt des Atomkerns,

b) die **elektromagnetische Kraft**, verantwortlich für die meisten Alltagsphänomene, wie Licht, Magnetismus, Chemie, Elektrizität,

c) die **schwache Kraft**, verantwortlich unter anderem für den radioaktiven Betazerfall,

d) die **Gravitationskraft**, verantwortlich für die großräumigen Strukturen des Universums.

Elektromagnetische und Gravitationskraft haben unendliche Reichweite, die Reichweite der starken Kraft beträgt ca. 10^{-15} m, die der schwachen Kraft ca. 10^{-17} m. Nimmt man die starke Kraft als Bezugsgröße, so verhalten sich die Stärken dieser Kräfte in der eingangs angegebenen Reihenfolge etwa wie $1 : 10^{-2} : 10^{-14} : 10^{-40}$.

Die Kraft zwischen zwei Teilchen lässt sich durch den Austausch eines für die jeweilige Fundamentalkraft charakteristischen Austauschteilchens (Feldquants) erklären. Der Begriff **„Wechselwirkung“** ist daher zutreffender als der Begriff „Kraft“. So wird 2

a) die **starke** Wechselwirkung durch **Gluonen**,
b) die **elektromagnetische** Wechselwirkung durch **Photonen**,
c) die **schwache** Wechselwirkung durch drei Austauschteilchen, die **Vektorbosonen** W^+, W^- und Z^0,
d) die **Gravitations**wechselwirkung durch **Gravitonen** vermittelt. Mit Ausnahme des Gravitons sind alle Austauschteilchen experimentell nachgewiesen.

Unter **Elementarteilchen** versteht man die kleinsten Bausteine der Materie, die nicht mehr weiter teilbar sind. In den letzten hundert Jahren hat sich die Vorstellung, welche Teilchen elementar sind, also keine bestimmte innere Struktur besitzen, mehrfach geändert. 3

Nach dem gegenwärtigen Kenntnisstand der Physik gibt es zwei Gruppen von Elementarteilchen, die **Quarks** und die **Leptonen**. Jede Gruppe besteht aus jeweils 6 Teilchen. 4

Jedem **Quark** ist eine **Masse**, eine **elektrische Ladung**, eine **schwache Ladung** und eine **starke Ladung** zugeordnet, jedem **Lepton** eine **Masse**, eine **elektrische Ladung** und eine **schwache Ladung** (vgl. Tabellen auf folgender Seite). 5

Die Teilchen der jeweils ersten beiden Familien sind Bestandteil der stabilen Materie. Die Teilchen der 3. Familien sind nur künstlich herstellbar. Zu jedem dieser 12 Elementarteilchen gibt es jeweils ein **Antiteilchen**, also 6 **Antiquarks** und 6 **Antileptonen**, die jeweils die gleichen Massen, aber die jeweils entgegen gesetzten Ladungen aufweisen. Die Antiteilchen teilen sich wieder in je 3 Familien mit je 2 Antiquarks und zwei Antileptonen auf. 6

Quarks	Name	Masse in GeV/c^2	Elektrische Ladung in Einheiten der Elementar-ladung e	Schwache Ladung	Starke Ladung
1. Familie	up-Quark Symbol: u	0,004	$\frac{2}{3}$	$+\frac{1}{2}$	rot, blau, grün
	down-Quark Symbol: d	0,007	$-\frac{1}{3}$	$-\frac{1}{2}$	rot, blau, grün
2. Familie	charm-Quark Symbol: c	1,5	$\frac{2}{3}$	$+\frac{1}{2}$	rot, blau, grün
	strange-Quark Symbol: s	0,15	$-\frac{1}{3}$	$-\frac{1}{2}$	rot, blau, grün
3. Familie	top-Quark Symbol: t	174,0	$\frac{2}{3}$	$+\frac{1}{2}$	rot, blau, grün
	bottom-Quark Symbol: b	4,7	$-\frac{1}{3}$	$-\frac{1}{2}$	rot, blau, grün

Leptonen	Name	Masse in GeV/c^2	Elektrische Ladung in Einheiten der Elementarladung e	Schwache Ladung
1. Familie	Elektron Symbol: e^-	0,0005	–1	$-\frac{1}{2}$
	Elektron-Neutrino Symbol: ν_ε	$< 2 \cdot 10^{-9}$	0	$+\frac{1}{2}$
2. Familie	Myon Symbol: μ	0,1	–1	$-\frac{1}{2}$
	Myon-Neutrino Symbol: ν_μ	$< 0{,}0002$	0	$+\frac{1}{2}$
3. Familie	Tau Symbol: τ	1,8	–1	$-\frac{1}{2}$
	Tau-Neutrino Symbol: ν_τ	$< 0{,}02$	0	$+\frac{1}{2}$

7 Unter **Ladung** wird in der Feldtheorie allgemein die Eigenschaft eines Teilchens bezeichnet, mit einem Feld in Wechselwirkung zu treten. Für verschiedene Felder gibt es verschiedene von einander unabhängige Ladungen. Die jeweilige Ladung bestimmt Art und Stärke

des vom Ladung tragenden Teilchen erzeugten Feldes, aber auch, wie das Teilchen vom Feld beeinflusst wird. Die Ladung eines Teilchens wird durch eine einzige Zahl angegeben, die in allen Bezugssystemen denselben Wert hat.

Die **elektrische Ladung** freier Teilchen ist stets ein ganzzahliges Vielfaches der Elementarladung e. Die elektrische Ladung eines Quarks ist stets ein ganzzahliges Vielfaches eines Drittels der Elementarladung. Es gibt zwei einander entgegengesetzte, durch unterschiedliches Vorzeichen gekennzeichnete elektrische Ladungen. Das Austauschteilchen der elektromagnetischen Kraft ist das Photon. 8

Die **starke Ladung**, auch **Farbladung** genannt, ist die zur starken Wechselwirkung gehörige Ladung. Es gibt drei verschiedene Farbladungen, die sich zusammen zur Ladung null addieren. In Analogie zur additiven Farbmischung nennt man diese Ladungen „rot", „grün", „blau". Teilchen ohne Farbladung nennt man „weiß". Die Farben der zugehörigen Antiteilchen nennt man „antirot", „antigrün", „antiblau". Weiße Teilchen können durch Kombination einer Farbe mit ihrer Antifarbe, aber auch durch Kombination aller drei Farben oder aller drei Antifarben gebildet werden. Teilchen mit Farbladung treten nie einzeln auf, sondern sind stets in weißen Teilchen gebunden. 9

Die **Gluonen** sind die Austauschteilchen der starken Wechselwirkung. Sie vermitteln die Kraft zwischen Teilchen, die eine Farbladung tragen, sind elektrisch neutral und masselos. Sie werden zwischen den Quarks, den Bausteinen der Protonen und Neutronen im Atomkern, ausgetauscht und sind wegen der so vermittelten Anziehung für die Stabilität der Atomkerne verantwortlich. Vereinfachend lässt sich die anziehende Kraft im Atomkern auch mit dem Austausch zusammengesetzter Bosonen, den π-Mesonen, erklären. 10

Die **schwache Ladung** gehört zur schwachen Wechselwirkung. Sie kommt nur in ganzzahligen Vielfachen einer „schwachen Elementarladung" g vor, die mit der elektrischen Ladung zusammenhängt. Die Austauschteilchen der schwachen Wechselwirkung sind das elektrisch 11 neutrale Z-Boson sowie die beiden positiv bzw. negativ geladenen W-Bosonen. Diese besitzen ganzzahligen Spin, unterliegen damit nicht dem Pauliprinzip und wirken nur auf Teilchen mit dem Spin $\frac{1}{2}$. Ihre Masse entspricht etwa 100 GeV.

12 Die Austauschteilchen können nur zwischen Trägern entsprechender „Ladung“ übertragen werden.
Die starke Kraft wirkt ausschließlich auf die Quarks, die elektromagnetische Kraft auf alle elektrisch geladenen Teilchen, also die Quarks und die elektrisch geladenen Leptonen, die schwache Kraft wirkt auf alle Elementarteilchen, die Gravitation auf alle Teilchen, die eine Masse besitzen.

13 **Mesonen** sind Teilchen, die aus zwei Quarks, einem **Quark** und einem **Antiquark**, aufgebaut sind. Alle Mesonen sind instabil und zerfallen in leichtere Mesonen oder Leptonen.
Das π^+-Meson (π^--Meson) z. B. ist aus einen up-Quark und einem Antidown-Quark (aus einem Antiup-Quark und einen down-Quark) aufgebaut, seine Masse entspricht 139,6 MeV (135,0 MeV), es zerfällt mit einer Halbwertszeit von $2{,}6 \cdot 10^{-8}$ s ($8{,}3 \cdot 10^{-17}$ s).

14 **Baryonen** sind Teilchen, die aus jeweils **drei Quarks** bestehen. Das einzige Baryon, das als freies Teilchen stabil ist, ist das **Proton**. Es besteht aus zwei up-Quarks und einem down-Quark. Das **Neutron** besteht aus einem up- und zwei down-Quarks.

15 Teilchen und Elementarteilchen wurden früher entsprechend ihrer Massen klassifiziert.

a) Die leichten Teilchen zählte man zu den **Leptonen**,
b) mittelschwere Teilchen zu den **Mesonen** und
c) schwere Teilchen zu den **Baryonen**, die wieder in zwei Untergruppen unterteilt werden, die **Nukleonen** und die **Hyperonen**. Zu den Nukleonen gehören nur das Proton und das Neutron, alle schwereren Teilchen zählt man zu den Hyperonen.
d) Mesonen und Baryonen bilden vereint die Gruppe der **Hadronen**.

Stichwortverzeichnis

(Bitte blättern Sie um)